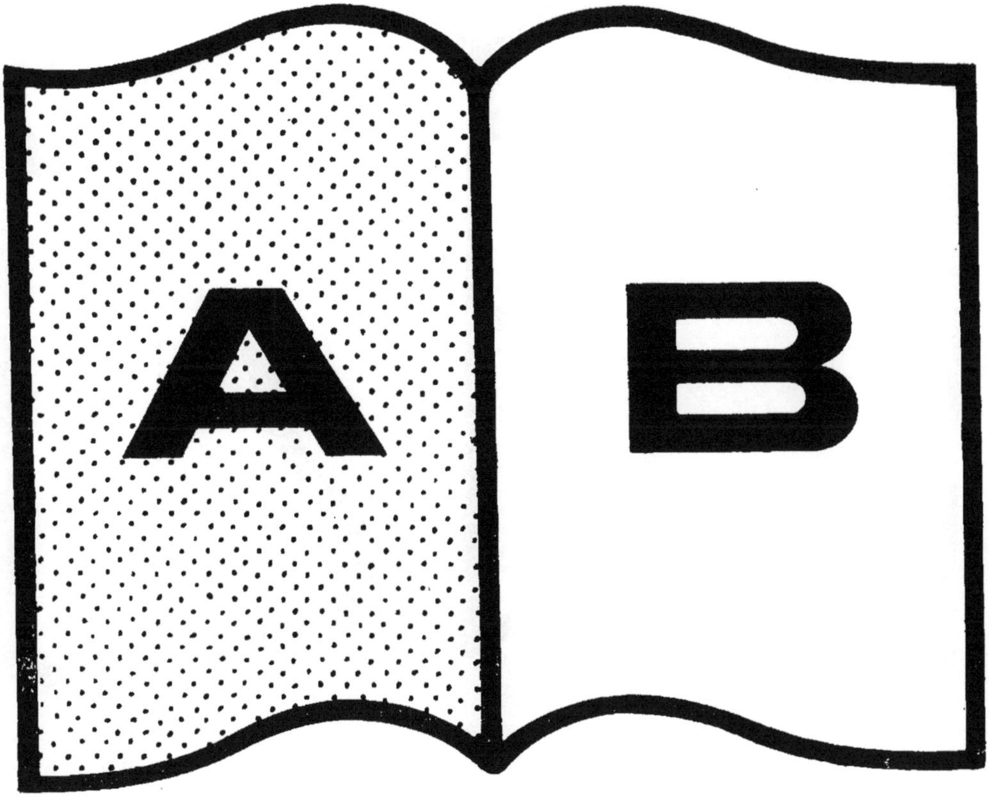

Contraste insuffisant

NF Z 43-120-14

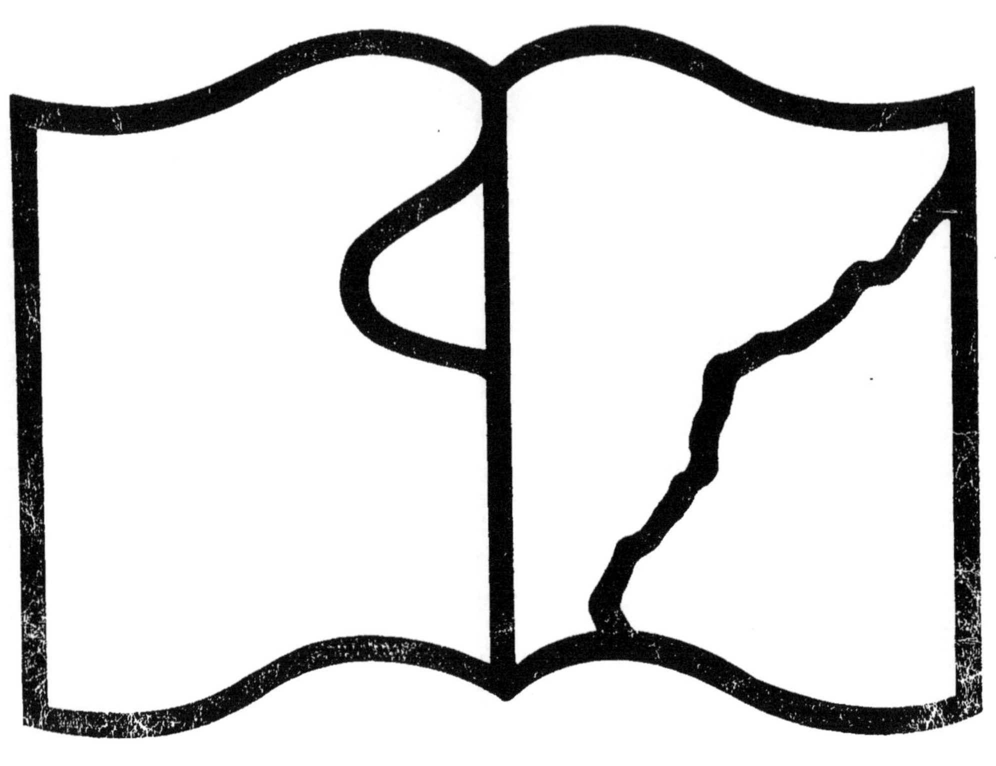

Texte détérioré — reliure défectueuse

NF Z 43-120-11

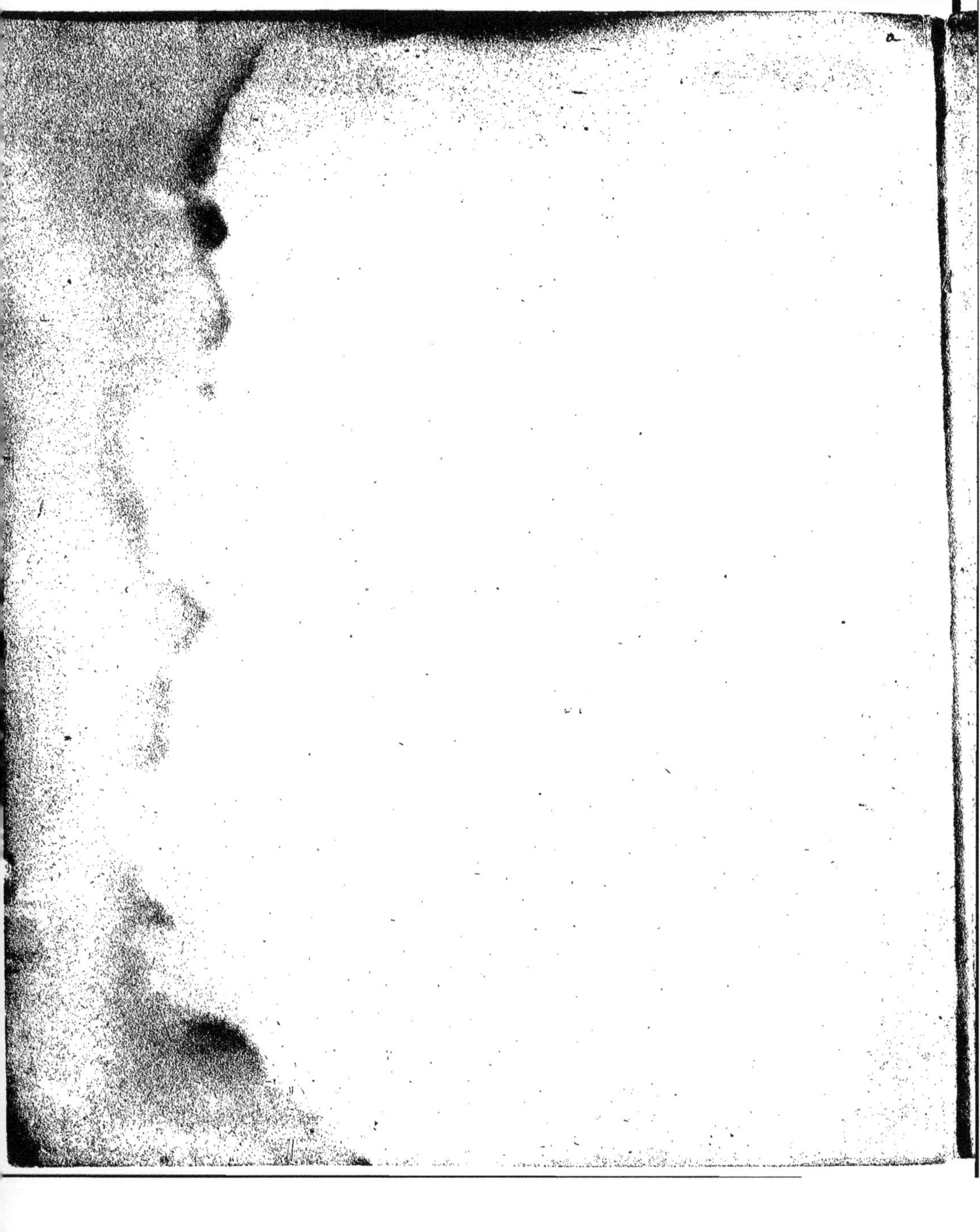

AMÉNAGEMENT

DES

EAUX A JAVA

IRRIGATION DES RIZIÈRES

RAPPORT

établi à la suite d'une Mission d'études aux Indes Néerlandaises

PAR

Le Capitaine F. BERNARD

DE L'ARTILLERIE COLONIALE

Avec 75 figures dans le texte et 16 planches hors texte

PARIS

LIBRAIRIE POLYTECHNIQUE CH. BÉRANGER, ÉDITEUR

Successeur de BAUDRY & Cⁱᵉ

15, RUE DES SAINTS-PÈRES

MAISON A LIÈGE : 21, RUE DE LA RÉGENCE

—

1903

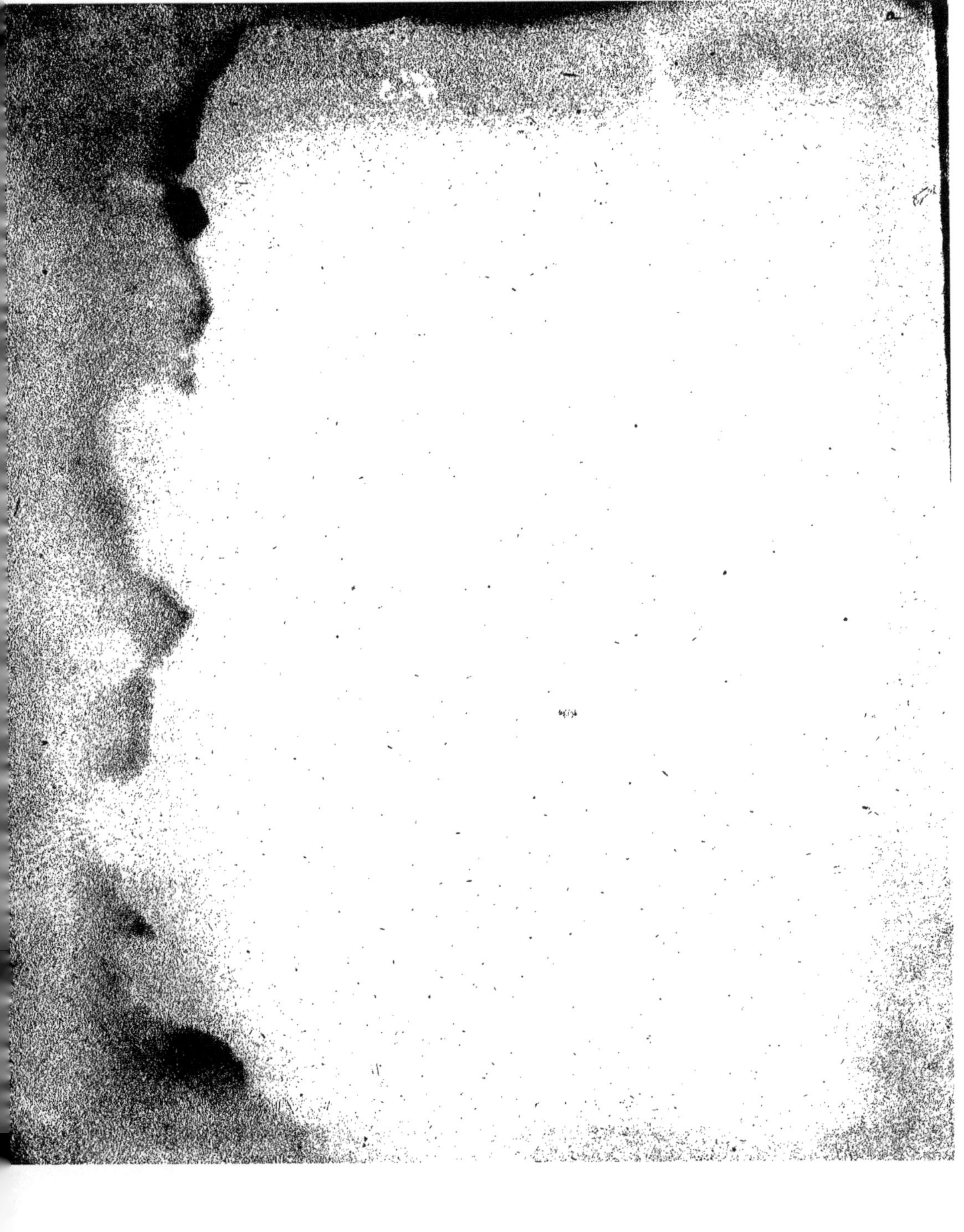

AMÉNAGEMENT

DES

EAUX A JAVA

IRRIGATION DES RIZIÈRES

RAPPORT

établi à la suite d'une Mission d'études aux Indes Néerlandaises

PAR

Le Capitaine F. BERNARD

DE L'ARTILLERIE COLONIALE

Avec 75 figures dans le texte et 16 planches hors texte

PARIS

LIBRAIRIE POLYTECHNIQUE CH. BÉRANGER, ÉDITEUR

Successeur de BAUDRY & Cie

15, RUE DES SAINTS-PÈRES

MAISON A LIÈGE : 21, RUE DE LA RÉGENCE

1903

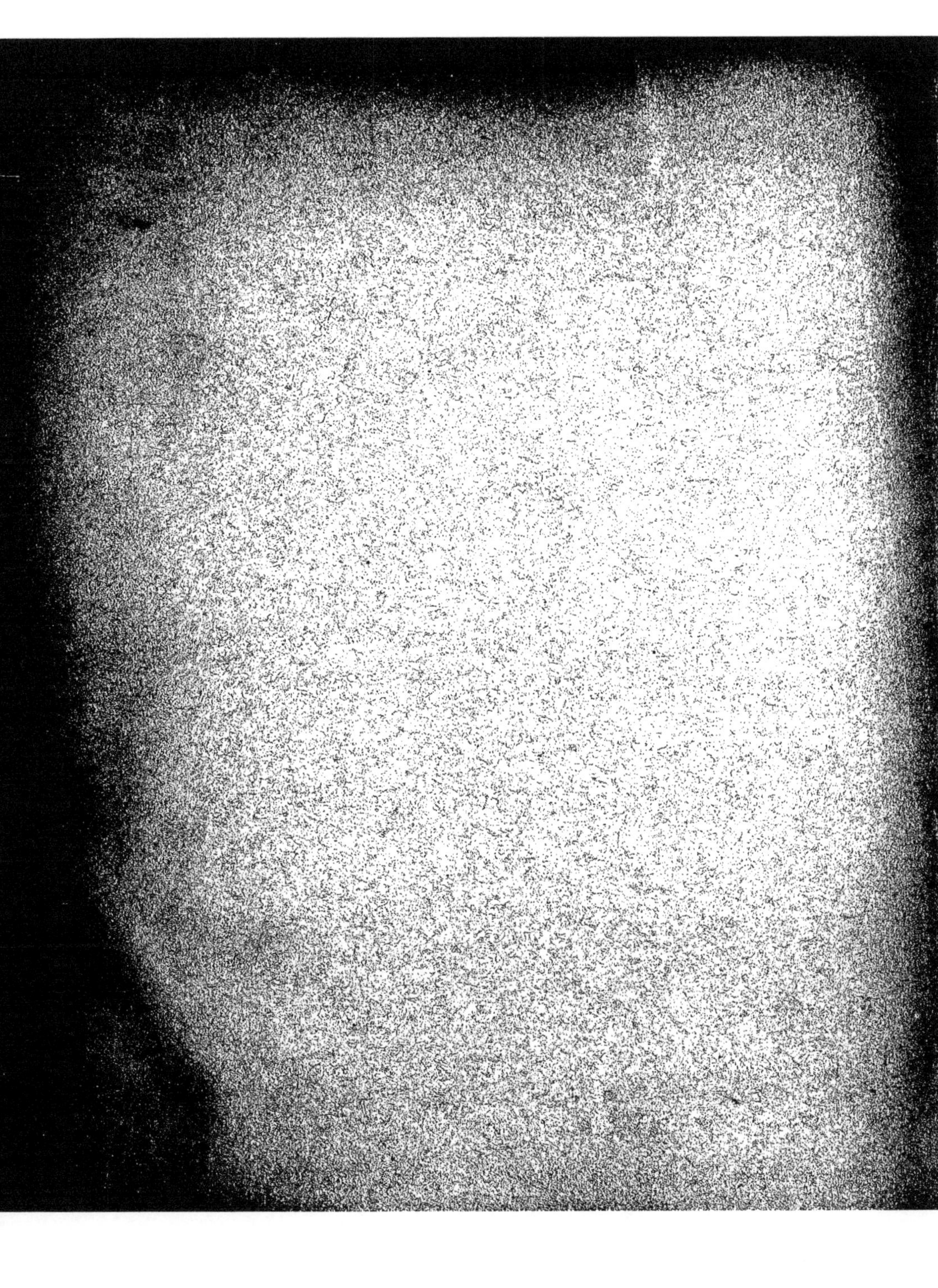

AMÉNAGEMENT

DES

EAUX A JAVA

IRRIGATION DES RIZIÈRES

AMÉNAGEMENT

DES

EAUX A JAVA

IRRIGATION DES RIZIÈRES

RAPPORT

établi à la suite d'une Mission d'études aux Indes Néerlandaises

PAR

Le Capitaine F. BERNARD

DE L'ARTILLERIE COLONIALE

Avec 75 figures dans le texte et 16 planches hors texte

PARIS

LIBRAIRIE POLYTECHNIQUE CH. BÉRANGER, ÉDITEUR

Successeur de BAUDRY & Cⁱᵉ

15, RUE DES SAINTS-PÈRES

MAISON A LIÈGE : 21, RUE DE LA RÉGENCE

1903

INTRODUCTION

Les Indes néerlandaises comprennent une infinité d'îles dont la superficie globale atteint environ 1.700.000 kilomètres carrés. Java est la plus importante de ces îles, non par ses dimensions, mais par le nombre de ses habitants, par la richesse de son sol, par le haut degré de son développement économique.

Java s'étend parallèlement à l'équateur entre le 6 et le 9e degré de latitude sud. Sur une longueur de 1.200 kilomètres et une largeur maxima de 200 kilomètres. Sa superficie est de 130.000 kilomètres carrés. Les terrains dont l'île est formée, appartiennent aux formations tertiaires, mais, les couches sédimentaires sont, presque partout, traversées ou recouvertes par d'énormes épanchements volcaniques. Les montagnes forment à l'ouest, un massif confus, sillonné de vallées profondes, présentant une série de terrasses successives que dominent de hautes montagnes : c'est la région des Préangers. A l'est, au contraire, se dressent des cônes isolés ou bien accolés deux à deux, séparés les uns des autres par des vallées à fond plat, orientées du sud au nord.

Les premiers établissements des Hollandais à Java datent de la fin du xvie siècle. En 1596, l'amiral Houtman débarquait au Bantam (province ouest de Java) et signait avec le prince de ce pays un traité de commerce. En 1602, la Compagnie privilégiée des Indes orientales était instituée.

Au moment où les Européens faisaient aux Indes leur première apparition, l'île de Java était divisée en un grand nombre de sultanats que des liens d'une vassalité purement formelle unissaient entre eux. Les grands empires hindous du moyen âge, ceux de Madjapahit et de Brambanan s'étaient effondrés ; dans chaque petit royaume, les souverains exerçaient à l'égard de leurs sujets, une autorité absolue. Les Hollandais ne cherchèrent pas, tout d'abord, à s'établir en maîtres, à introduire dans le pays qu'ils visitaient des idées nouvelles ou des procédés d'administration inspirés de l'occident. Alors que les Espagnols et les Portugais apportaient dans leurs colonies une ardeur fanatique de propagande religieuse, les Hollandais, comme plus tard les Anglais et les Français, recherchèrent simplement des privilèges commerciaux. Ils traitaient avec les Sultans pour obtenir des monopoles de vente et d'achat. Les bateaux de la Compagnie des Indes allaient chercher dans les îles de la Sonde, aux Moluques, à Java, à Timor, de l'or, des pierres précieuses, des épices, des produits spéciaux dont ils approvisionnaient l'Europe. Les premiers établissements furent des comptoirs, des centres d'échange et, tout d'abord, les agents de la Compagnie s'abstinrent de toute intervention dans l'administration locale. Peu à peu cependant, pour imposer aux princes indigènes le respect des contrats qu'ils avaient signés, pour empêcher la contrebande et la fraude, pour s'opposer aux tentatives des associations rivales, la Compagnie dut avoir une flotte et une armée, occuper et fortifier des ports ou des centres importants.

Cela ne devait point suffire. Pour pratiquer le commerce, il fallut peu à peu entamer la conquête des régions qui l'alimentaient. Ce commerce, on le concevait alors d'une façon singulière. Bien loin de chercher à augmenter la production, les Hollandais s'efforçaient de la restreindre, tout au moins pour certaines denrées. Ils avaient ou plutôt ils croyaient avoir avantage à limiter la culture des muscadiers, des girofliers, des poivriers, à quelques îles de faible étendue dont la surveillance était facile. On pouvait ainsi empêcher la contrebande et maintenir le prix des épices à un taux rémunérateur. Chaque année, les administrateurs faisaient la tournée du *hongi* : une expédition armée parcourait l'archipel, détruisait les plantations et les approvisionnements. Cette pratique barbare soulevait la population et la guerre, la conquête s'étendaient, mais les causes qui provoquaient cette conquête en limitaient elles-mêmes l'étendue.

Ces mêmes causes déterminaient encore le mode d'occupation. Les négociants avisés d'Amsterdam ne se souciaient guère de la transformation sociale ou morale des peuples qu'ils soumettaient. Ils ne voulaient pas assumer la lourde tâche d'administrer des races inconnues. Leur unique but était de tenir en tutelle des chefs dont ils connaissaient le prestige et l'autorité et dont ils employaient l'influence de la façon la plus favorable aux intérêts de la Compagnie. On fut ainsi conduit à maintenir et à développer les institutions indigènes. Les Indes étaient simplement des lieux de production dont on exploitait les richesses en utilisant autant que possible les organismes existant.

Cependant, les procédés mêmes employés par la Compagnie, l'obstination qu'elle mettait à défendre un monopole étroit alors que d'autres colonies, entre les mains de rivaux plus habiles, lui faisaient une concurrence redoutable, les dépenses énormes qu'entraînait le système, l'entretien d'une armée qui, à la fin du xviiie siècle ne comptait pas moins de 46.000 hommes dont 20.000 Européens, devaient entraîner la chute de la Compagnie. Sa dissolution était prononcée en 1798 et le gouvernement hollandais se substituait à elle.

Un Etat ne peut avoir la même politique qu'une Compagnie. De simples préoccupations commerciales n'auraient pu suffire au représentant de la Hollande, moins encore au Gouverneur général qui, au commencement du xixe siècle, représentait à Java, l'Empereur Napoléon. Le maréchal Daendels compléta la conquête de l'île, en régla l'administration. Pendant l'occupation anglaise, de 1811 à 1815, Raffles perfectionna l'organisme. Si le but poursuivi n'était plus le même qu'au temps de la Compagnie,les mêmes principes positifs dominaient la politique des conquérants : l'utilisation des institutions indigènes fut la règle. On ne s'en départit que pendant quelques années. Après les traités de 1815, les Hollandais réintégrés dans leur domaine manifestèrent leurs rancunes contre les chefs javanais parce que ceux-ci avaient accepté sans résistance des maître nouveaux, parce qu'ils n'avaient pas témoignés à leurs premiers conquérants un attachement inaltérable.Les traitements infligés aux princes du pays, furent une des causes profondes de l'insurrection de Dipo Negoro. La leçon, cependant fut salutaire : depuis 1830, rien ne se fait aux Indes sans le concours, apparent ou réel des chefs indigènes; depuis 1830, la paix n'a pas cessé de régner.

Administrer ne suffisait pas : colonisation et exploitation étaient deux mots synonymes, non point seulement exploitation du sol, mais aussi exploitation de l'indigène. Il y avait d'un côté, un maître, l'Européen, et de l'autre, un serf, le Javanais. La Compagnie des Indes se contentait de commercer, le gouvernement hollandais voulut faire plus.Le sol lui appartenait, et avec le sol, ceux qui le travaillaient. Il régla le genre et l'importance des cultures. Il obligea l'indigène à cultiver, en dehors du riz dont il se nourrissait, le café, le thé, la canne à sucre, l'indigo. Java devint une ferme gigantesque, dont la Hollande vendait les produits au monde entier.Le système des cultures forcées fit des Indes néerlandaises, un colossal marché de production.

Un tel régime ne permettait pas l'évolution de l'indigène, la part laissée au travailleur était réduite au minimum : il n'était point question d'améliorer sa situation matérielle ou morale, il s'agissait simplement de tirer le meilleur parti possible d'un instrument de travail. Le développement des colonies voisines, le prodigieux essor de l'industrie européenne devaient cependant amener une transformation. Tandis que la valeur des denrées coloniales s'abaissait par suite de la concurrence, les industriels de la métropole cherchaient des débouchés dans les colonies. Il était nécessaire que Java, pays exclusif de production, devint peu à peu un marché de consommation. Tout l'effort du Gouvernement hollandais devait bientôt tendre vers le développement progressif et régulier de l'indigène.

C'est la conscience de ces nécessités économiques en même temps qu'un profond amour de l'humanité et de la justice qui domine aujourd'hui l'administration des Indes néerlandaises. Le premier titre du Gouverneur général, un titre qui résume tous ses devoirs, est celui de : Protecteur des indigènes. Dans l'administration des provinces, on avait fait de tout temps une part aux Javanais. Cette part, on tend à l'accroître, mais il faut tenir compte de l'état social, de la nécessité où l'on se trouve de choisir les chefs, régents, patihs ou Vedonos, dans une caste féodale que l'on cherche à éduquer et à instruire et qui souvent profite mal des leçons qui lui sont données.

Java est divisé en 21 provinces, dirigées chacune par un *résident*, la province est formée de plusieurs subdivisions à la tête desquelles se trouve un *Regent* javanais, secondé et conseillé par un *Assistant résident*. Chaque régence enfin comprend plusieurs districts administrés par des *Vedonos* ou des Assistant-Vedonos surveillés par des *Contrôleurs* hollandais. Au dernier échelon de l'autorité se trouve le village, la *Dessa*, dont le chef est élu par la population et assisté d'un conseil.

La justice est rendue aux indigènes par des tribunaux où l'élément javanais est prépondérant. Dans les tribunaux de province, les *landraad*, le président et le greffier seuls sont des Hollandais.

La propriété indigène, autrefois si précaire, est aujourd'hui garantie par les lois. Non seulement on préserve ce qui existe, mais on prépare encore les terrains de culture de demain. C'est le sol, en effet, qui est, aujourd'hui encore, le principal, sinon la seule richesse.

Etendre la superficie cultivée, augmenter le rendement des terres, en améliorer les produits, tel est, au point de vue économique, le but essentiel que l'on s'efforce de réaliser.

Pour l'atteindre, deux instruments sont nécessaires, l'un, destiné à faciliter les transports et les échanges; l'autre, destiné à protéger et à améliorer les récoltes; des routes et des chemins de fer d'une part, des digues, des canaux d'irrigation et de drainage d'autre part. C'est le parfait équilibre entre l'outillage de production et l'outillage d'exploitation qui fait aujourd'hui et continuera demain la richesse de Java.

AMÉNAGEMENT DES EAUX

A JAVA

CONSIDÉRATIONS GÉNÉRALES. — TRAVAUX INDIGÈNES

Java n'a point de grands fleuves. Les deux cours d'eau les plus importants, le Solo et le Brantas, ont des débits-maximum de 2.500 et 1.300 mètres cubes. Les rivières ne sont alimentées que par les pluies ; seul le Toentang sort des vastes marais d'Ambarawa qui lui servent de régulateur. Le régime des pluies n'est pas le même dans tout l'île, le tableau annexe (page 79) donne les chutes d'eau moyennes en différents points de Java. D'une façon générale, la mousson pluvieuse s'établit en novembre et persiste jusqu'en avril ; mais, dans l'ouest, il y a encore pendant l'été d'abondantes averses. A Buitenzorg, en août, il tombe 218 millimètres d'eau ; à Soekaboemi, 109 ; à Tjilatjap, 173 ; à Pékalongan, 69 ; dans l'est — au contraire — il règne pendant plusieurs mois une extrême sécheresse. A Rembang, il tombe au mois d'août 17 millimètres d'eau ; à Soerabajà, 14 ; à Probolinggo, 9 ; à Pasoeroean, 5 ; à Besoeki, 1 seulement. Les localités situées dans la montagne sont plus favorisées que celles de la plaine et de la région maritime. La chute d'eau, à Meester Cornelis, n'est au mois d'août que de 31 millimètres, alors qu'elle est à Buitenzorg, dans la même province, sur le même méridien, à 45 kilomètres au sud, de 218 ; elle est de 9 millimètres à Probolinggo au bord de la mer, et de 217 à Soember Moedjoor, sur les flancs du Tengger. Comme dans tous les pays tropicaux, les précipitations atmosphériques se produisent avec une grande violence ; le sol, presque partout, est imperméable et les pentes, dans la montagne, sont d'une extrême raideur. Le ruissellement a par suite une intensité remarquable, aussi les crues se produisent-elles avec une rapidité inouïe, et le régime des cours d'eau varie en quelques heures dans des limites considérables.

Le bassin du Waloeh a une superficie de 109 kilomètres carrés ; la rivière a débité cependant, à plusieurs reprises, l'énorme volume de 700 mètres cubes. Sur le Babakan, on a constaté souvent que le débit s'élevait dans une même soirée depuis 1 mètre cube jusqu'à 100 et diminuait ensuite de façon à n'être plus le lendemain matin que de 4 à 5 mètres. On conçoit dès lors que les orages puissent produire des dégâts formidables. Au débouché des vallées, pendant la traversée des plaines étroites qui

1

s'étendent jusqu'au rivage de la mer, la vitesse des torrents diminue rapidement ; les eaux montent et submergent les campagnes, les débris qu'elles arrachent et transportent recouvrent parfois de vastes espaces. Entre Klakah et Pasirian, sur le versant est du Smeroe, les sables vomis par le volcan forment de véritables fleuves de boue qui envahissent les vallées, et, à plusieurs reprises, ont enlevé la voie ferrée et les ouvrages d'art.

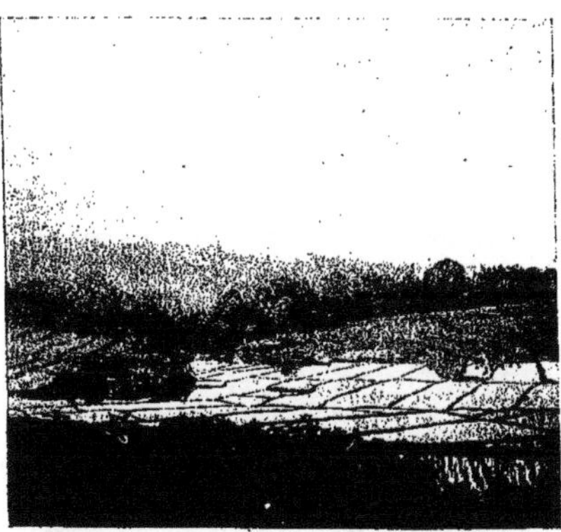

Java — Rizières près la route de Sindanglaja.

Aux estuaires, les alluvions qui se déposent dans une mer peu profonde menacent de combler les passes qui conduisent aux ports principaux. Ainsi un premier problème devait attirer l'attention des ingénieurs hollandais ; il s'agissait de défendre le pays contre les dangereux effets des eaux sauvages.

D'autre part, les pluies, si abondantes sont, dans presque toute l'île, irrégulières ; la culture du riz est aléatoire ; la croissance de la plante ne s'opère en effet d'une façon complète que lorsque l'arrosage est abondant et continu. Il faut éviter les brusques alternatives qui se présentent, lorsqu'à l'orage succède le soleil torride qui hâte l'évaporation.

Dans les terrains volcaniques, les torrents charrient, avec les sables infertiles, des limons, des matières minérales ou organiques, précieuses dans des pays où la science agricole est médiocre, l'usage des amendements peu répandu. On devait donc se préoccuper de discipliner et de gouverner les cours d'eau, d'amener leurs eaux dans les champs, d'assurer leur libre écoulement vers la mer, de régler le partage de leurs alluvions, de protéger les campagnes par des digues contre les crues. Ces préoccupations multiples donnent à certains travaux une complication que d'autres soucis sont encore venu accroître.

Il a fallu, en effet, tenir compte des ouvrages déjà exécutés par les indigènes ; en bien des cas, on a dû se contenter d'améliorations impérieusement exigées par une situation devenue critique ; sauf pour quelques systèmes récents, on n'a point fait tout d'abord d'études d'ensemble ; on a longuement tâtonné, et les remaniements successifs ont entraîné finalement des dépenses de beaucoup supérieures à celles que l'on pourrait prévoir aujourd'hui.

Depuis vingt ans, du reste, les ingénieurs du Waterstaat (1) ont apporté à l'éta-

(1) Service des irrigations.

blissement des projets une science, un souci de l'exactitude et de l'économie, qu'a puissamment aidés une connaissance parfaite du pays, de ses besoins et de ses ressources.

****

La superficie irriguée à Java sera de 775.000 hectares, lorsque les travaux en cours seront complètement achevés.

Le tableau suivant donne la nomenclature de ces travaux.

NUMÉROS	DÉNOMINATION DES TRAVAUX	RIVIÈRES	PROVINCES	SUPERFICIE	DÉPENSES EN FLORINS (2,08)
				hectares	
I	Irrigation du Bantam	Tji Oedjoeng	Bantam	23.000	
II	Irrigation de Krawang	Tji Taroem	Krawang	83.000	
III	Irrigation de Tji-Hea	Tji Sokan	Préangers	5.900	944.730
IV	Irrigation de Karang Ampel	Tji Manoek	Cheribon	25.000	1.397.400
V	Irrigation de Brebès Ouest	Kaboejoetan et Babakan	Tégal	6.500	560.000
VI	Irrigation de Brebès Est	Pemali	»	32.000	2.400.000
VII	Irrigation de Pernali Tjatjaban	Pemali et Tjatjaban	»	22.000	
VIII	Irrigation de Maribaja	Ramboetet Waloeh	»	9.000	
IX	Irrigation de Pemalang	Waloeh et Tji-Omal	»	19.000	1.715.000
X	Irrigation de Tegal-Pékalongan	Sragi	Tégal et Pékalongan	18.000	1.076.000
XI	Irrigation de Serajoe	Serajoe	Banjoemas	56.000	
XII	Irrigation de Banjoemas sud et Karanganjar	Diverses	Banjoemas et Bagelen	35.000	9.300.000
XIII	Irrigation de Bagelen Est	Diverses	Bagelen	40.000	2.379.000
XIV	Irrigation du Manggis	Progo et Ello	Kedoe	3.500	530.000
XV	Irrigation du Tangsi	Tangsi	»	2.000	188.000
XVI	Irrigation du Mataram	Progo	Djocja	25.000	2.310.000
XVII	Irrigation de Penggaron	Penggaron	Semarang	5.000	
XVIII	Irrigation de Singen Kedoel	Toentang	»	41.000	
XIX	Irrigation de Demak	Toentang et Serang	»	33.400	10.000.000
XX	Irrigation de Grobogan	Loesie	»	15.000	
XXI	Irrigation de Magetan	Gandong	Madioen	34.000	2.100.000
XXII	Irrigation de Kening	Kening	Rembang	2.700	329.000
XXIII	Irrigation de Nglirip	Nglirip	»	3.500	
XXIV	Irrigation de Solo	Solo	Rembang et Soerabaja	156.000	50.000.000
XXV	Irrigation du delta de Sidhoarjo	Brantas	Soerabaja	33.000	dépenses inconnues.
XXVI	Irrigation de Kertosono	Brantas	Kediri	20.000	1.018.000
XXVII	Irrigation de Patogocan	Diverses	Pasoervean	6.300	805.000
XXVIII	Irrigation de Welang	Welang	»	1.000	
XXIX	Irrigation de Molek	Brantas et affluents	»	4.000	452.500
XXX	Irrigation de Kedoeng-Kandang	Amprong	»	4.000	300.000
XXXI	Irrigation de Pekalen	Pekalen	Probolinggo	6.900	1.071.000
XXXII	Irrigation de Sampéan	Sampéan	Besoeki	10.500	914.000
XXXIII	Irrigation de Pamakasan	Semiran	Madoera	12.000	
XXXIV	Irrigation de Djember Sud	Diverses	Besoeki	»	
				774.700	

En tenant compte des petits ouvrages exécutés par les indigènes, il y a 1.178.000 hectares irrigués et la superficie cultivée de l'île est de 2.290.000 hectares.

On ne peut songer à donner de tous ces ouvrages une description détaillée. Nous allons essayer d'en montrer la genèse, de voir comment on a peu à peu amélioré dans certains districts la situation existante, comment enfin on a conçu dans ces dernières années des systèmes rationnels et complets.

Java. — Les Préangers. — Environs de Tjibatoe.

De tout temps, les Javanais et les Malais ont pratiqué des irrigations. Dans la montagne, le problème est fort simple. Sur les longues croupes à pentes régulières qui descendent des hauts sommets volcaniques, les rizières s'étagent, par gradins horizontaux dont la hauteur atteint parfois jusqu'à 2 mètres. On emmagasine ainsi, dans une série de bassins horizontaux, une partie des eaux pluviales et le trop-plein s'écoule dans les torrents. On pratique, en amont, des saignées sur les ruisseaux qui se précipitent en cascades ; souvent il est inutile de construire des barrages, et l'on profite simplement de quelque seuil rocheux naturel. Les canaux dérivés suivent la ligne de crête entre deux thalwegs et alimentent les rizières situées de part et d'autre ; les eaux se déversent de gradin en gradin ; on les recueille en aval soit dans le même torrent, soit dans un autre d'où se détachent encore et plus bas de nouvelles rigoles.

Travaux de Buitenzorg. — Canal de l'Ouest.

BARRAGE DE KATOELAMPA

Situation

Ech. 1/1500

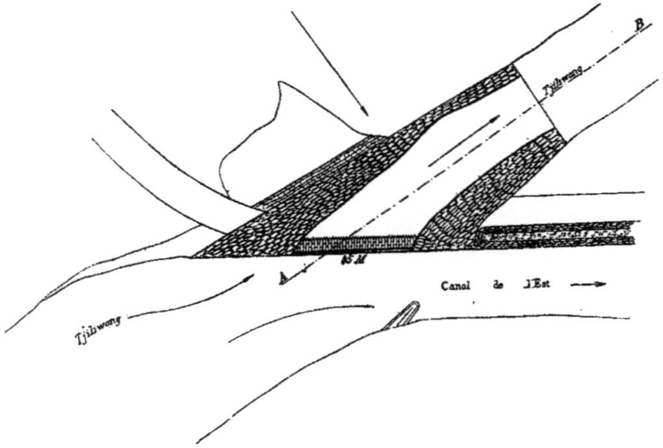

Profil en long suivant AB

Echelles { pour les longueurs 1/500
— hauteurs 1/300

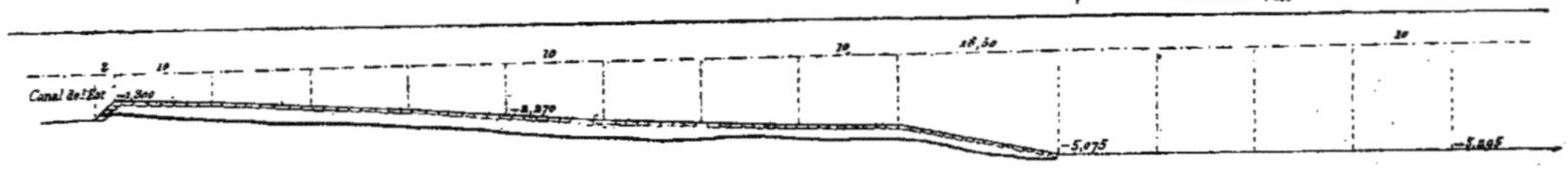

Dans les basses vallées cependant, où le débit des cours d'eau est relativement considérable et les surfaces à irriguer assez étendues, les indigènes furent amenés à construire de véritables systèmes d'irrigation. Dans le district de Buitenzorg, les eaux sont empruntées à deux rivières : le Tji Liwong qui passe à Batavia et le Tji Sedani. Deux canaux, le canal de l'Est et le Tji Ballok se détachent du Tji Liwong, ce dernier en amont ; un troisième, le canal de l'Ouest se détache du Tji Sedani. Au point où commence le Tji Ballok, il n'y avait, il n'y a pas encore de barrages. Sur les deux autres canaux, au contraire, il en existe, construits en pierres sèches et en bois. Ces canaux débitent jusqu'à 5 mètres cubes et leur domaine s'étend jusqu'aux environs de Batavia. Ils ne sont pas munis de prise d'eau à leur tête. En temps normal, les eaux du Tji Liwong s'écoulent en totalité par le canal de l'Est. La pente de ces canaux est très forte, et ils se sont creusé de véritables vallées ; le ravin où coule aujourd'hui le canal de l'Ouest a, à Buitenzorg même, plus de 12 mètres de profondeur.

Les ruisseaux secondaires se déversaient directement dans les canaux qu'ils ne traversaient pas ; ils étaient donc fermés en aval du canal par des barrages ; ces barrages étaient construits en terre et en pierres et assez élevés pour que les eaux ne se déversent pas par-dessus la crête.

On conçoit que les apports des torrents aient, dans bien des cas, obstrué les canaux d'irrigation, qu'il se soit produit souvent, après de fortes pluies, des dérivations importantes, que le relief du terrain ait été fréquemment remanié. Chaque année, du reste, les barrages étaient endommagés ou même emportés, et l'entretien des ouvrages imposait à la population une charge considérable.

Ce n'est qu'en 1815, après le rétablissement de la domination hollandaise, que le gouvernement se préoccupa d'améliorer la situation. On ne se lança point tout d'abord dans la construction d'ouvrages définitifs ; jusqu'en 1830 l'état des finances du pays ne le permettait point, et, après l'établissement du système Van den Bosch, la plus grande partie des revenus de l'île alimentait le budget de la métropole. On se contenta de surveiller la construction des barrages, mais en conservant d'une manière générale les procédés indigènes ; le barrage de Katoelampa, sur le Tji Liwong, à l'entrée du canal de l'Est en offre un exemple. Il coupe obliquement la rivière et il est constitué par des moellons bruts ; sa longueur totale est de 115 mètres ; dans la partie médiane, sur une largeur de 45 mètres, les pierres sont enfermées dans des paniers en bambous maintenus par des piquets. Vers l'amont, il présente un parement régulier incliné à 1/2 et sa hauteur est d'environ 1 mètre ; il s'abaisse ensuite et se continue jusqu'à une distance d'environ 100 mètres avec une pente moyenne de 4 0/0.

Sur des cours d'eau importants et lorsque la retenue d'eau était assez forte, on établissait des barrages à châssis formés d'une forte charpente en bois de djati (teck) appuyée sur des murs en maçonnerie et de madriers épais fixés au moyen de boulons. On en établit plusieurs de 1830 à 1850, un en particulier sur le Tjikérou, affluent du Tji Manok, et un autre sur le Sampéan. Ces ouvrages ne duraient que quelques années. Au bout de peu de temps le bois pourrissait ; des infiltrations et des affouillements se produisaient en dessous ; il fallait les refaire, quelquefois même les déplacer. Ce ne fut cependant qu'en 1850 que l'on se décida à construire des barrages permanents. Le premier fut celui de Leng Kong sur le Brantas.

Ce fleuve était relié à la rivière de Soerabaja par trois canaux, ceux de Gedongsoro, de Gedeck et de Melirip. En temps normal la plus grande partie des eaux s'écoulait par le bras principal du Brantas, le Porrong, et la navigation devenait difficile sinon même impossible sur la rivière de Soerabaja. Le barrage de Leng Kong et les trois barrages éclusés de Gedongsoro, Gedek et Melirip eurent surtout pour but de maintenir jusqu'à Soerabaja une quantité d'eau suffisante pour la batellerie.

Le second barrage permanent fut celui de Glapan, commencé en 1851 sur le Toentang, dans la région de Demak, à la suite de famines qui avaient, à plusieurs reprises, désolé la contrée.

Travaux de Buitenzorg. — Canal de l'Est. — Barrage du Tji Liwong.

Jusqu'alors cependant on ne s'était point préoccupé de construire de toutes pièces des systèmes complets ; on se laissait guider uniquement par les nécessités du moment. Le débit des rivières était inconnu et celui des canaux n'était pas proportionné aux superficies irrigables. Il en résultait des modifications fréquentes, des adjonctions coûteuses, des déceptions. La région de Pemalan était arrosée autrefois par les eaux du Waloeh (1). Il existait à cet effet trois barrages indigènes très rapprochés les uns des autres, ceux de Randanoenoet, de Penggarit, et de Sigelap et trois canaux correspondant : ceux de Grogeh, de Simangoe et de Srengseng, qui servaient à la fois aux irrigations et à l'écoulement des eaux en temps de crue. En 1887, les trois barrages furent presque entièrement détruits. On avait si bien dévasté les forêts avoisinantes, les matériaux de construction étaient devenus si rares, que l'on décida de construire à Soengapan un ouvrage en maçonnerie. Il devait comporter un barrage et trois prises d'eau. On avait estimé, d'après la superficie du bassin de réception, que le débit

(1) Voir la carte : Projet Tjomal-Tjaljaban.

de la rivière ne s'élevait pas au-dessus de 270 mètres cubes. En réalité, les crues ont dépassé 700 mètres cubes ; on avait donné au déversoir une longueur de 48 mètres ; il a fallu pour l'augmenter relier par une coupure le canal de Srengseng à la rivière en aval du barrage, et comme les hautes eaux atteignent encore un niveau dangereux, on va en faire autant sur le Simangoe, et on a complètement remanié le système primitif.

Sur le Sampéan, on a établi en 1860 un barrage déversoir en maçonnerie, analogue à celui de Glapan. On n'irriguait ainsi qu'une faible partie de la basse vallée. En 1880, on construisait en amont une nouvelle prise d'eau, on fermait complètement la rivière par un barrage en terre dont la crête était maintenue au-dessus des plus hautes eaux. On pratiquait, dans le roc, une coupure destinée à l'écoulement des crues et dont le fond était tenu au-dessus du radier des vannes de prise, de telle sorte que le débit tout entier de la rivière peut être utilisé pendant la saison sèche pour les irrigations. Le premier barrage est ainsi devenu inutile.

Dans la province de Kedoe, les terrains situés entre le Progo et l'Ello ont été irrigués tout d'abord par un canal dérivé de cette

Travaux de Demak. — Pont sur le Serang à Sedadi.

dernière rivière ; le barrage, la prise d'eau et le canal de Manggis ont été construits en 1856. On constatait bientôt que le débit de la rivière était insuffisant, et on entreprenait en 1891 la construction d'un barrage sur le Progo et d'une nouvelle prise d'eau.

Le même fait s'est produit dans le territoire de Demak ; de 1851 à 1863, on avait construit les ouvrages du Toentang ; en 1873, on complétait le système au moyen de canaux dérivés d'une rivière voisine, le Sérang, et l'on devait, plus tard, modifier encore la distribution des eaux.

A partir de 1885 seulement, on décidait de ne plus entreprendre, en dehors des cas de force majeure, aucun travail, sans qu'une étude complète et minutieuse en ait été faite, et l'on commençait dans toute l'île des levers topographiques à grande échelle des terrains irrigables. En 10 ans, on n'a pas dépensé à cet effet moins de 4.500.000 francs. On adoptait enfin des méthodes régulières, mais la plupart des grands travaux devaient porter la marque des erreurs et des tâtonnements de l'époque précédente. Nous allons en donner quelques exemples :

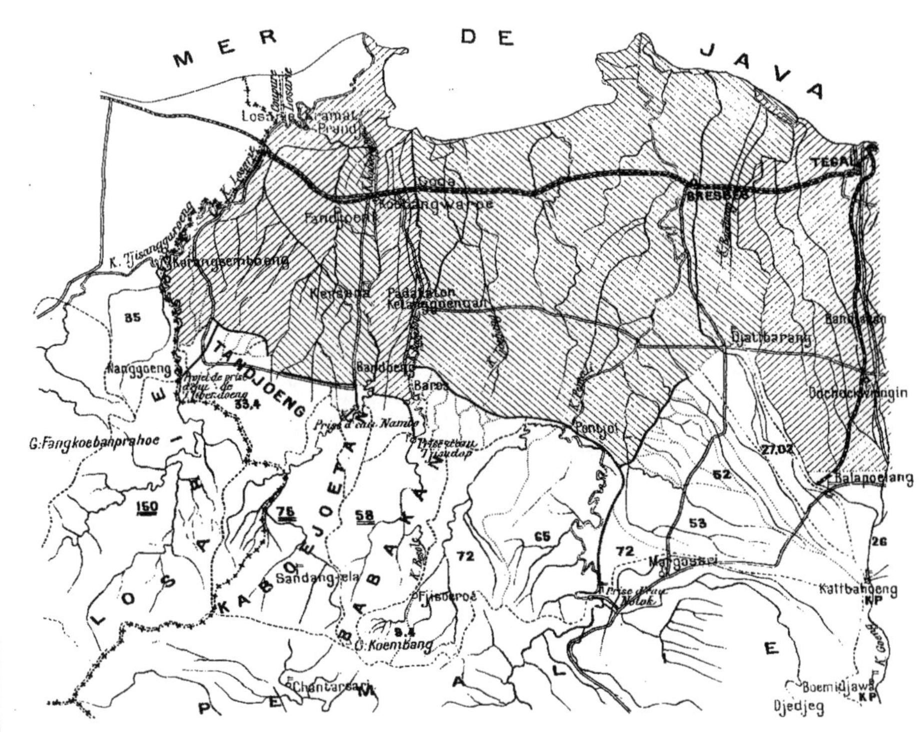

Légende de la figure I.

<table>
<tr><td>Régions arrosées par la même rivière.</td><td>Les parties couvertes de hachures représentent les terrains irrigués par les rivières suivantes :</td></tr>
<tr><td>75   Bassin d'une rivière en amont de la prise d'eau. Surface en K. M². </td><td>Le Losarie prise d'eau à Tjibendoeng.</td></tr>
<tr><td>Canal principal.</td><td>Le Kabogoetan id. — id. à Nambo.</td></tr>
<tr><td>18   Bassin d'un affluent. Surface en K. M².</td><td>Le Babakan — id. — id. — à Tjisadap.</td></tr>
<tr><td>Chemins de fer.</td><td>Le Pemalie — id. — id. à Notok.</td></tr>
</table>

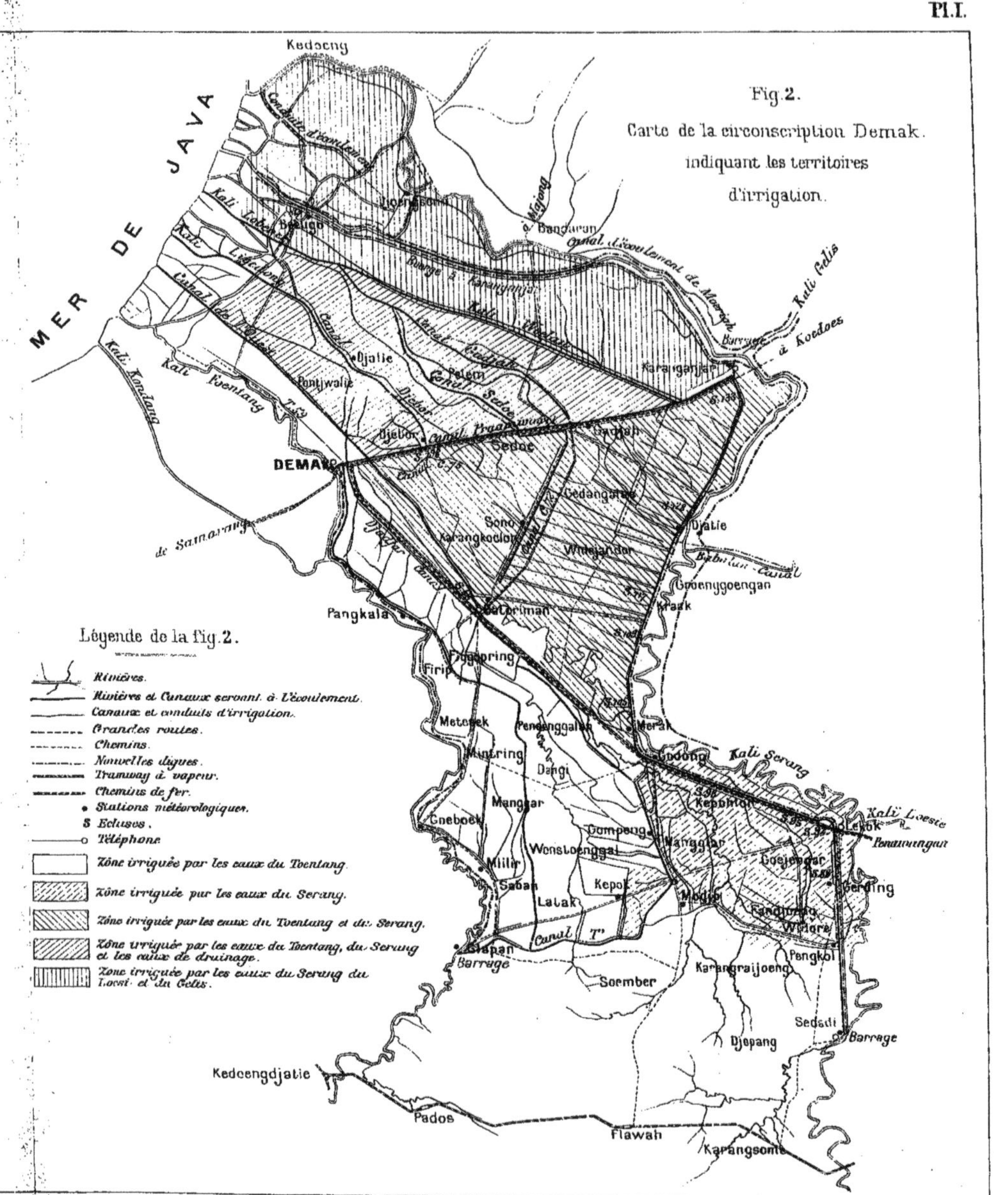
MER DE JAVA
Kedoeng
Fig.2.
Carte de la circonscription Demak.
indiquant les territoires
d'irrigation.
Loendan
à Bangaron
Kali Geli
Canal d'écoulement de Maagok
Barrage à Koedoes
Karanganjar
Djatie
Pontjwalie
DEMAK
Djelon
Sedoe
Grabah
de Samarang
Gedangase
Djatie
Sono
karangkodien
Winejandor
Babalan Canal
Goenggoengan
Kraak
Pangkala
Betoriman
Firip
Gagooring
Metepek
Pendenggalan
Merai
Mintring
Looong
Kali Serang
Dangi
Manggar
Kepohloi
Kali Loesie
Gneboek
Pentouongan
Lebok
Compeng
Wanggar
Goejengar
Milir
Wenstoenggal
Modio
Gerding
Saban
Kepok
Candinzurg
Latak
Widore
Pengkol
Slapan
Barrage
Karangraijoeng
Soember
Sedadi
Djepang
Barrage
Kedoengdjatie
Pados
Flawah
Karangsome

Légende de la fig.2.
Rivières.
Rivières et Canaux servant à l'écoulement.
Canaux et conduits d'irrigation.
Grandes routes.
Chemins.
Nouvelles digues.
Tramway à vapeur.
Chemins de fer.
Stations météorologiques.
S Ecluses.
Téléphone.
Zone irriguée par les eaux du Toentang.
Zone irriguée par les eaux du Serang.
Zone irriguée par les eaux du Toentang et du Serang.
Zone irriguée par les eaux du Toentang, du Serang et les eaux de drainage.
Zone irriguée par les eaux du Serang du Loewi et du Gelis.

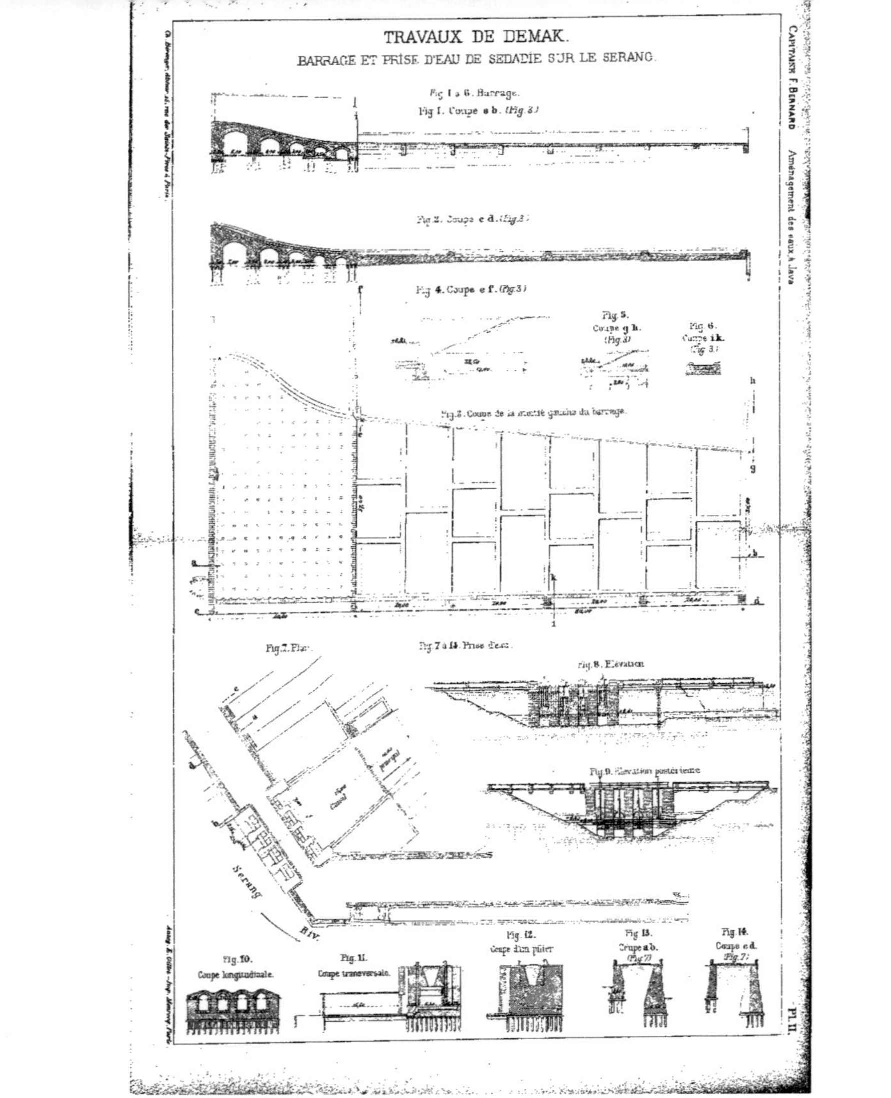

Ch. Béranger, Éditeur, 15, rue des Saints-Pères, à Paris.

Autog. E. Olivier. — Imp. Monrocq, Paris.

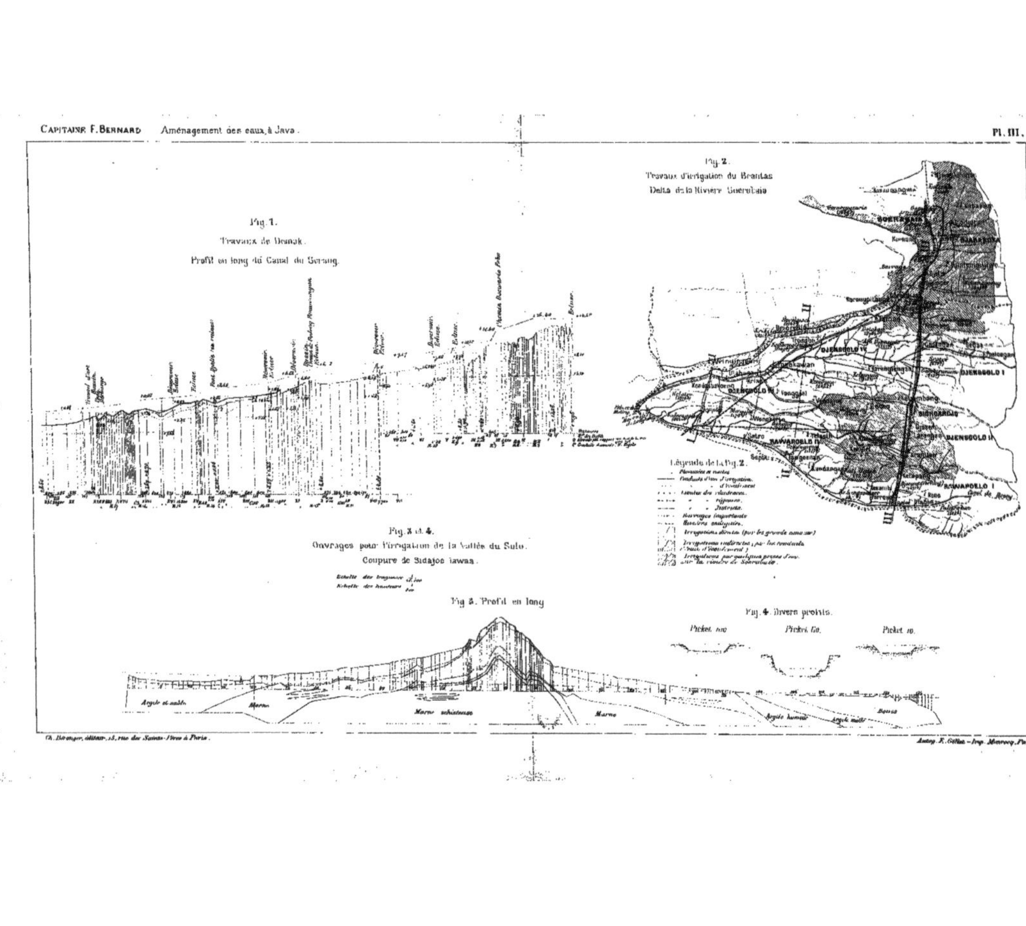
Fig. 1.
Travaux de Demak.
Profil en long du Canal du Serang.
Fig. 2.
Travaux d'irrigation du Brantas
Delta de la Rivière Soerabaia
Fig. 3 et 4.
Ouvrages pour l'irrigation de la vallée du Solo.
Coupure de Sidajoe lawaa.
Echelle des longueurs
Echelle des hauteurs
Fig. 3. Profil en long
Fig. 4. Divers profils.
Picket. 100.   Picket. 60.   Picket. 10.
Argile et sable   Marne   Marne schisteuse   Marne   Argile humide   Argile salée   Basse
Légende de la Fig. 2.
SOERABAIA
DJABAKOTA
DJENGGOLO I
DJENGGOLO II
BANGOROLO II
RAWAROELO II
RAWAPOELO I
DJENGGOLO I

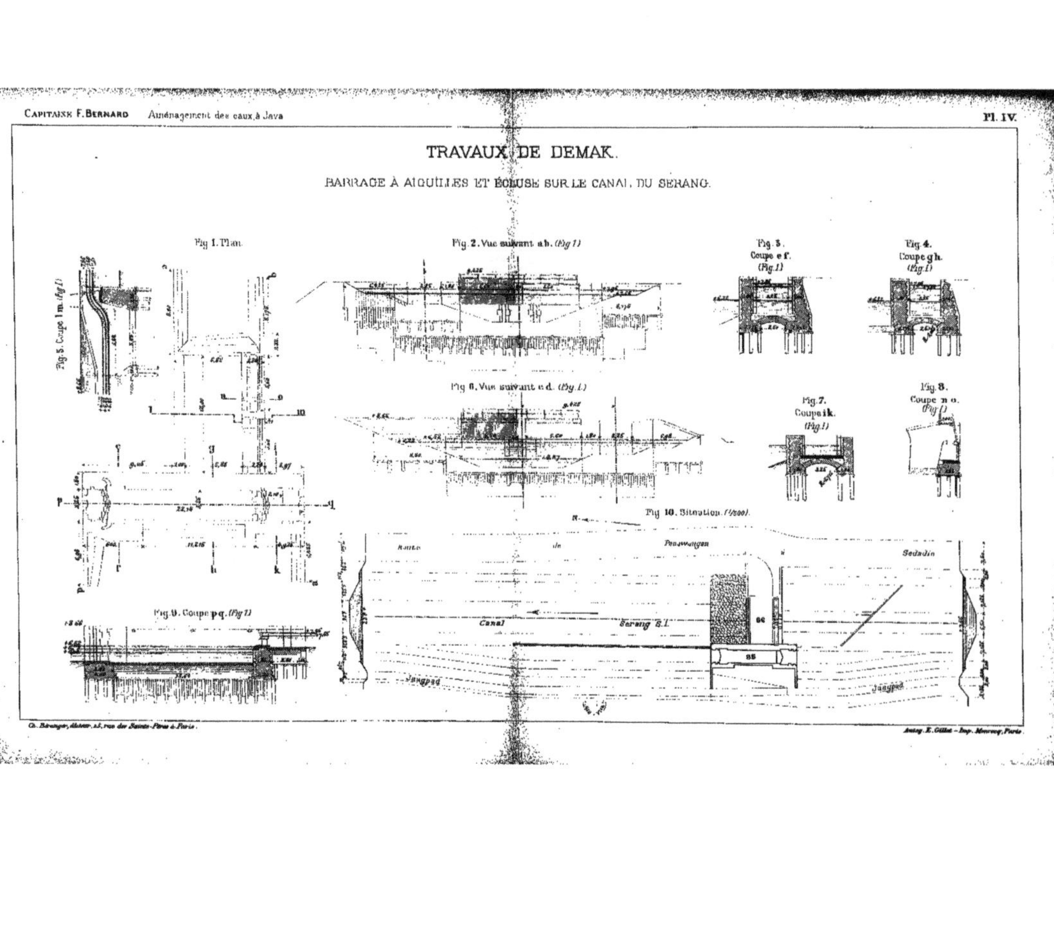

TRAVAUX DE DEMAK.
BARRAGE À AIGUILLES ET ÉCLUSE SUR LE CANAL DU SERANG.
Fig 1. Plan.
Fig. 2. Vue suivant a b. (Fig 1)
Fig. 3. Coupe e f. (Fig.1)
Fig. 4. Coupe g h. (Fig.1)
Fig. 5. Coupe l m. (Fig.1)
Fig. 6. Vue suivant c d. (Fig.1)
Fig. 7. Coupe i k. (Fig.1)
Fig. 8. Coupe n o. (Fig.1)
Fig. 9. Coupe p q. (Fig.1)
Fig. 10. Situation. (1/200).
Route
Penawangan
Sedadin
Canal
Serang S.I.

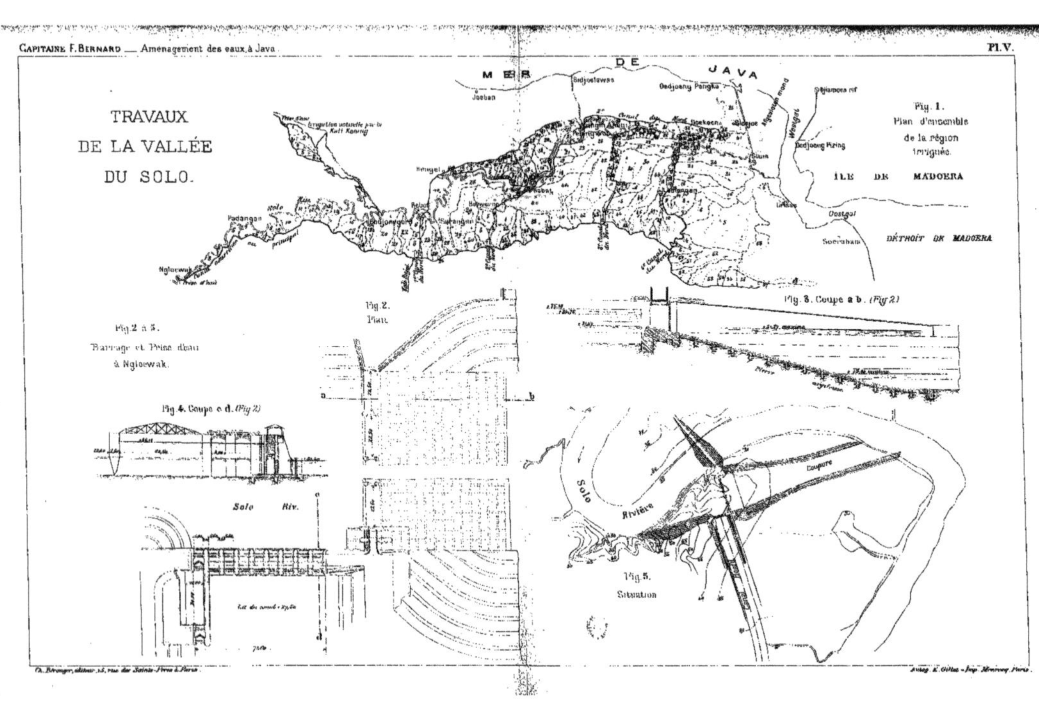
TRAVAUX
DE LA VALLÉE
DU SOLO.
MER DE JAVA
Fig. 1.
Plan d'ensemble
de la région
irriguée.
ÎLE DE MADOERA
DÉTROIT DE MADOERA
Oostgol
Soerabam
Bodjoning Pring
Djamoea rif
Bedjoening Pangka
Bedjoetowas
Joeban
Rengel
Padangan
Nglœwak
Prise d'haut
Solo Riv.
ou principal
Irrigation actuelle par le
Kali Konong
Fig. 2.
Plan.
Fig. 3. Coupe a b. (Fig 2)
Fig. 4. Coupe c d. (Fig 2)
Fig. 5.
Situation
Solo Rivière
Coupure
Fig 2 à 5.
Barrage et Prise d'eau
à Nglœwak.

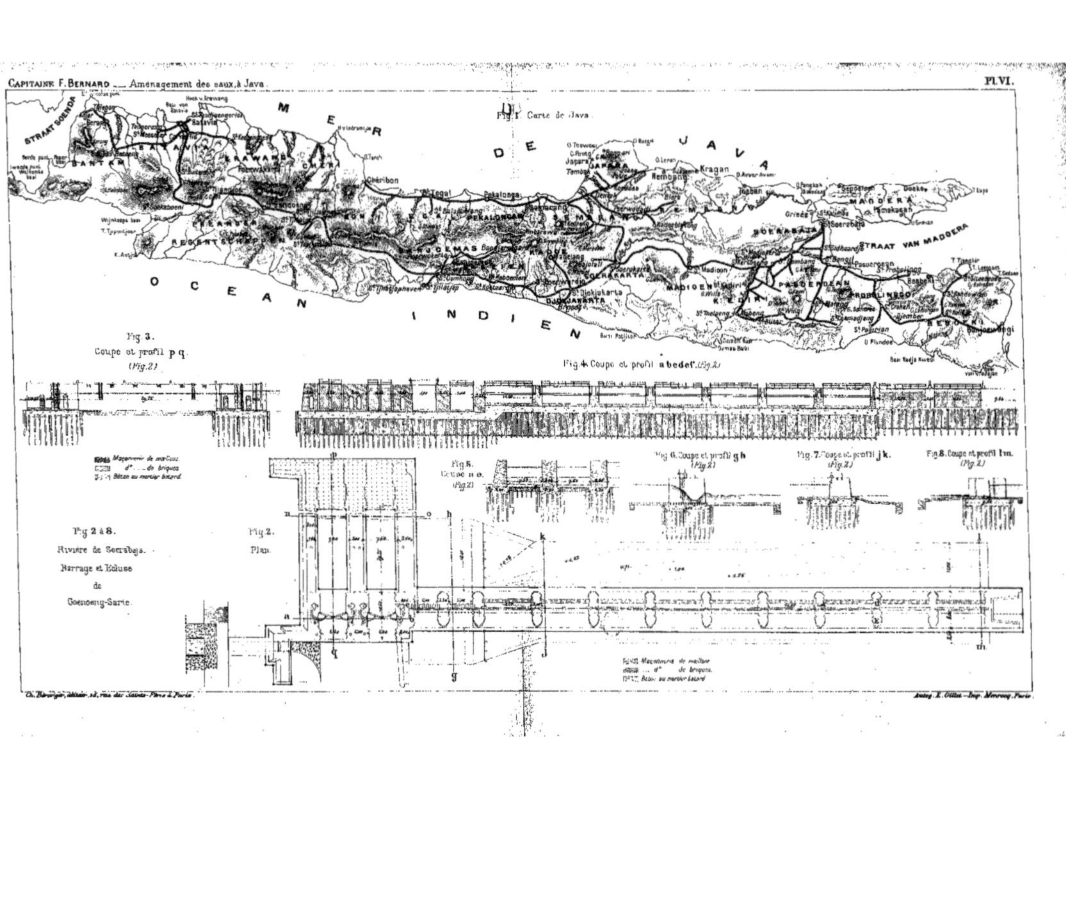

Fig. 2 à 8. — Rivière de Soerabaja. — Barrage et Ecluse de Goenoeng-Sarie.

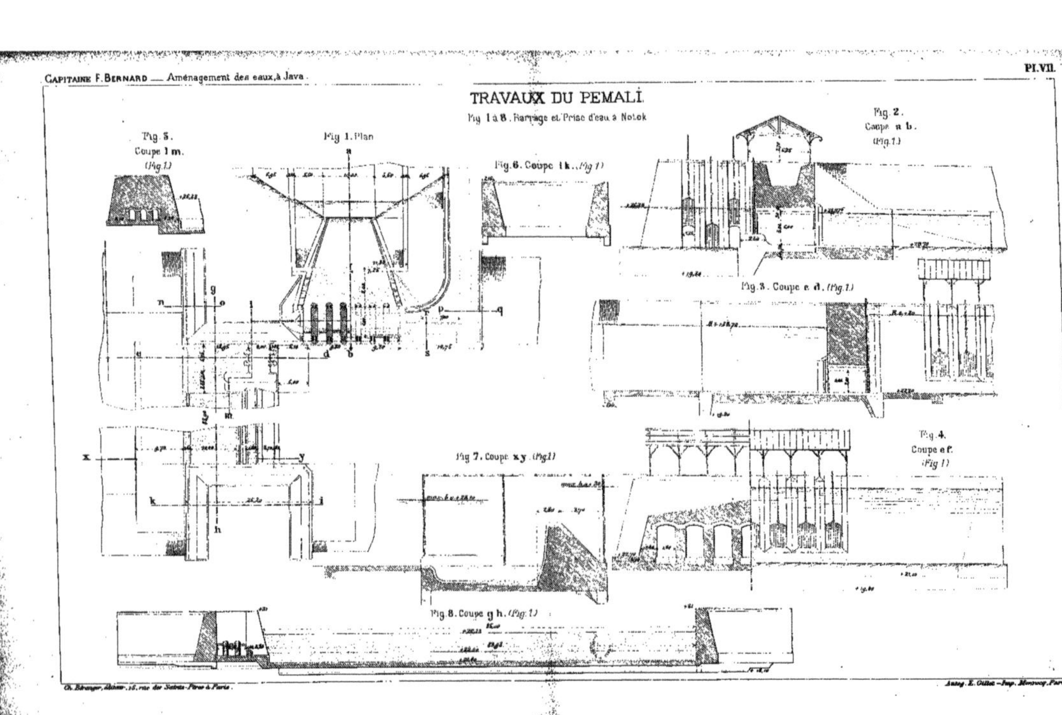

TRAVAUX DU PEMALI.
Fig 1 à 8. Barrage et Prise d'eau à Notok
Fig. 5.
Coupe l m.
(Fig.1.)
Fig 1. Plan
Fig. 6. Coupe l k. (Fig 1)
Fig. 2.
Coupe a b.
(Fig.1.)
Fig. 3. Coupe c d. (Fig.1.)
Fig. 4.
Coupe e f.
(Fig.1)
Fig 7. Coupe x y. (Fig.1)
Fig. 8. Coupe g h. (Fig.1)
n
g
o
p
q
r
s
d
b
x
y
k
h
i

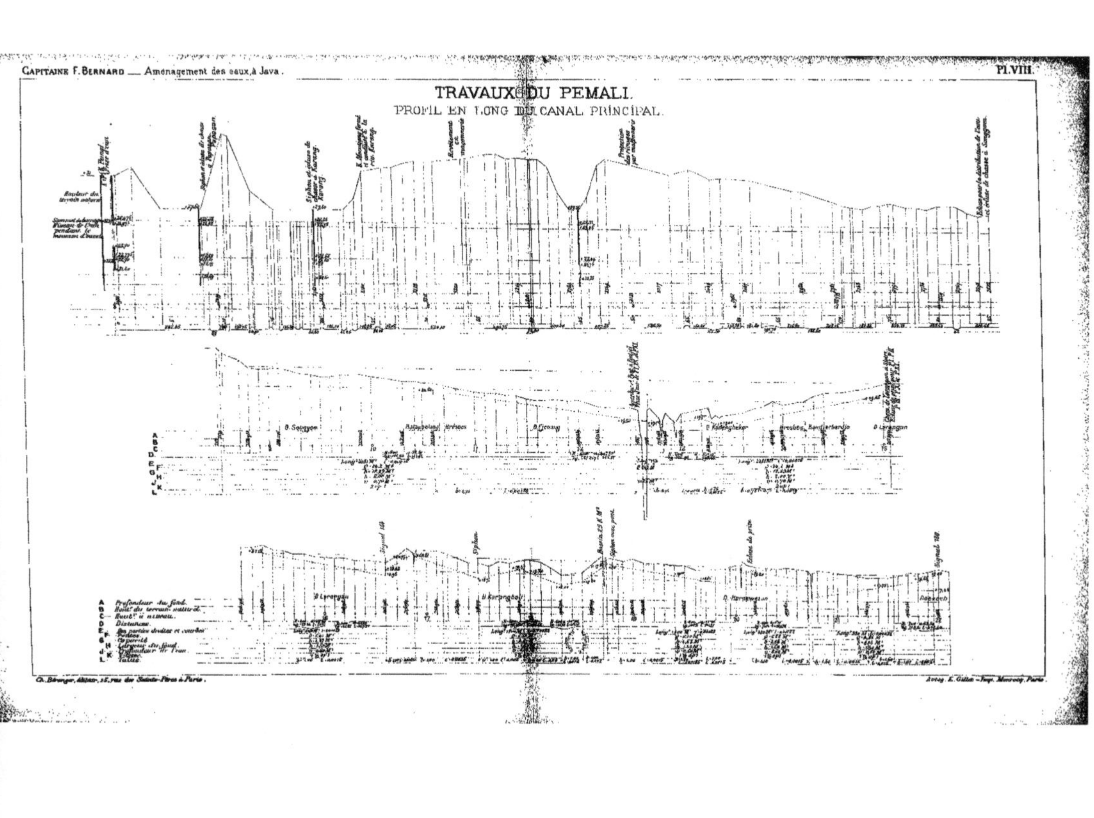
TRAVAUX DU PEMALI.
PROFIL EN LONG DU CANAL PRINCIPAL.
Hauteur du terrain naturel
Courant de l'eau
Profondeur du fond.
Hauteur du terrain naturel.
Distances.
Profondeur de l'eau.
D. Soinagan
D. Lerangan
D. Karpngholi
D. Harrngan

TRAVAUX DU PEMALI.

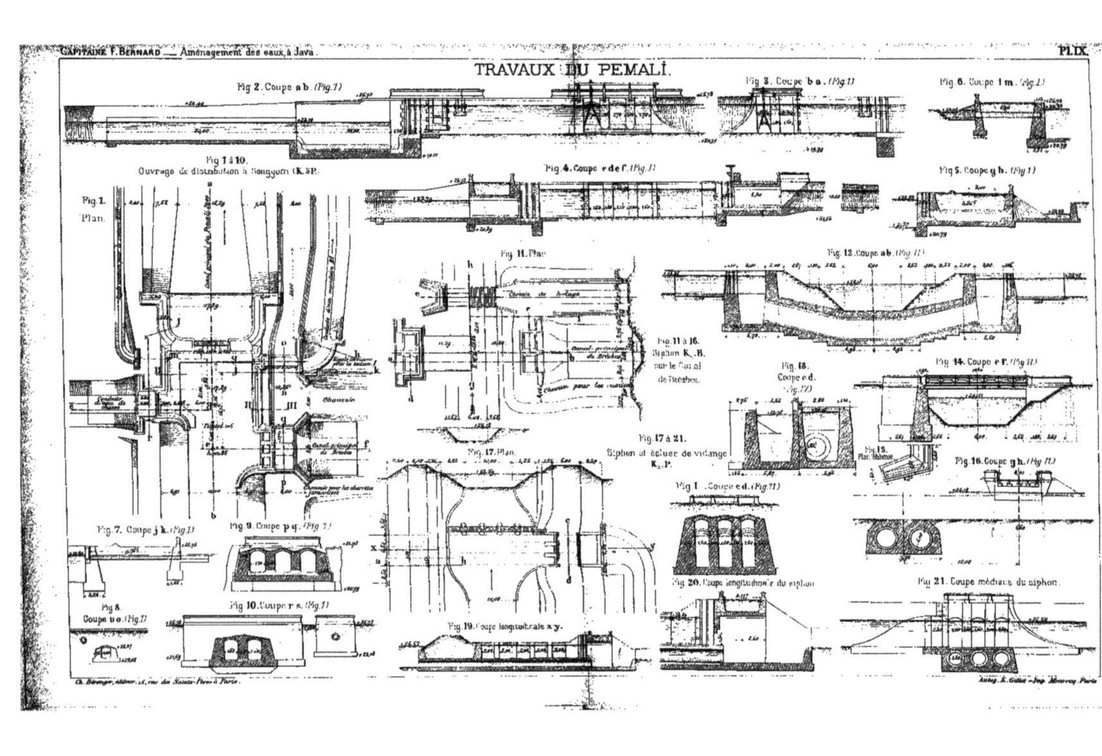

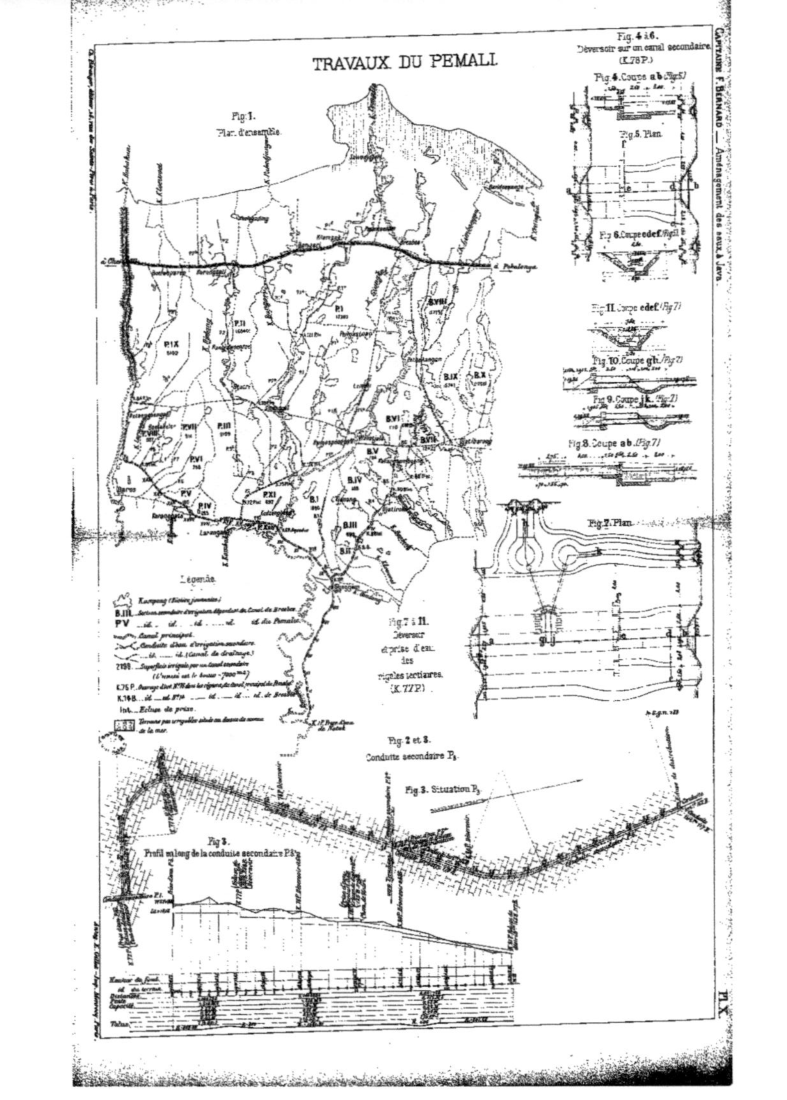

TRAVAUX DU PEMALI
Fig. 1.
Plan d'ensemble.
Fig. 4 à 6.
Déversoir sur un canal secondaire
(K.78P.)
Fig. 4. Coupe a b (Fig.5)
Fig. 5. Plan.
Fig. 6. Coupe c d e f (Fig.5)
Fig. 11. Coupe e d e f (Fig.7)
Fig. 10. Coupe g h (Fig.7)
Fig. 9. Coupe i k (Fig.7)
Fig. 8. Coupe a b (Fig.7)
Fig. 7. Plan.
Fig. 7 à 11.
Déversoir
et prise d'eau
des
rigoles tertiaires.
(K.77P).
Fig. 2 et 3.
Conduite secondaire P3.
Fig. 3. Situation P3.
Fig. 3.
Profil en long de la conduite secondaire P3.
Légende.
Kampong (Bloem.)
Canal principal.

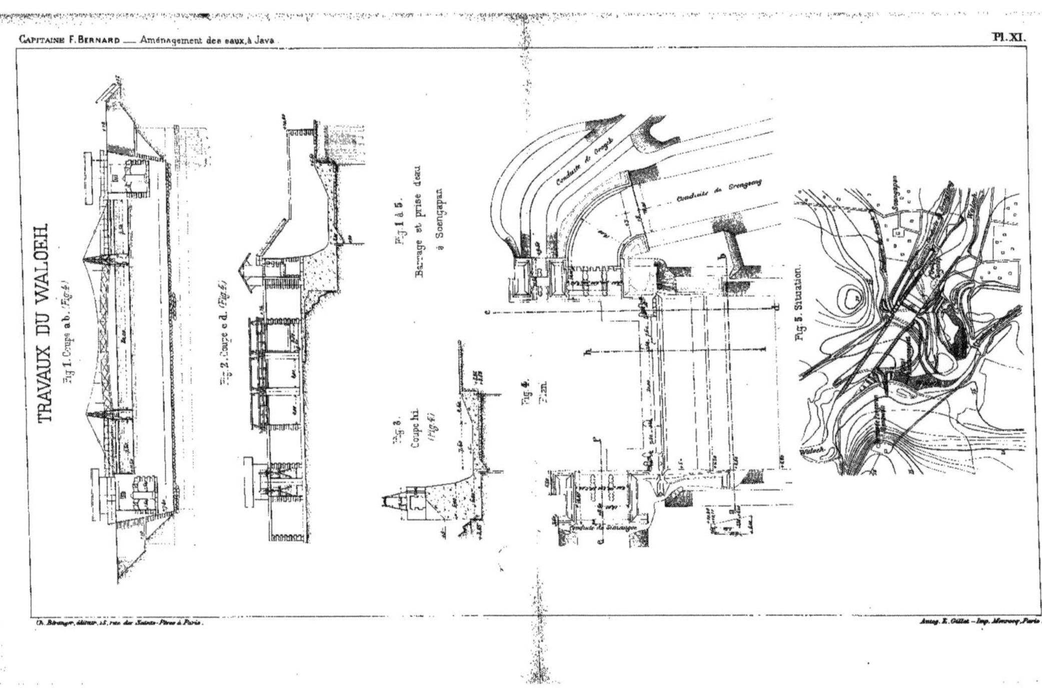
TRAVAUX DU WALOEH
Fig 1. Coupe a b. (Fig 4)
Fig 2. Coupe c d. (Fig 4)
Fig. 1 à 5.
Barrage et prise d'eau
à Soengapan
Fig 3.
Coupe hi (Fig 4)
Fig. 4.
Plan.
Fig 5. Situation.
Conduite de Gongeh
Conduite de Srengseng
Conduite de Srengseng
Waloeh

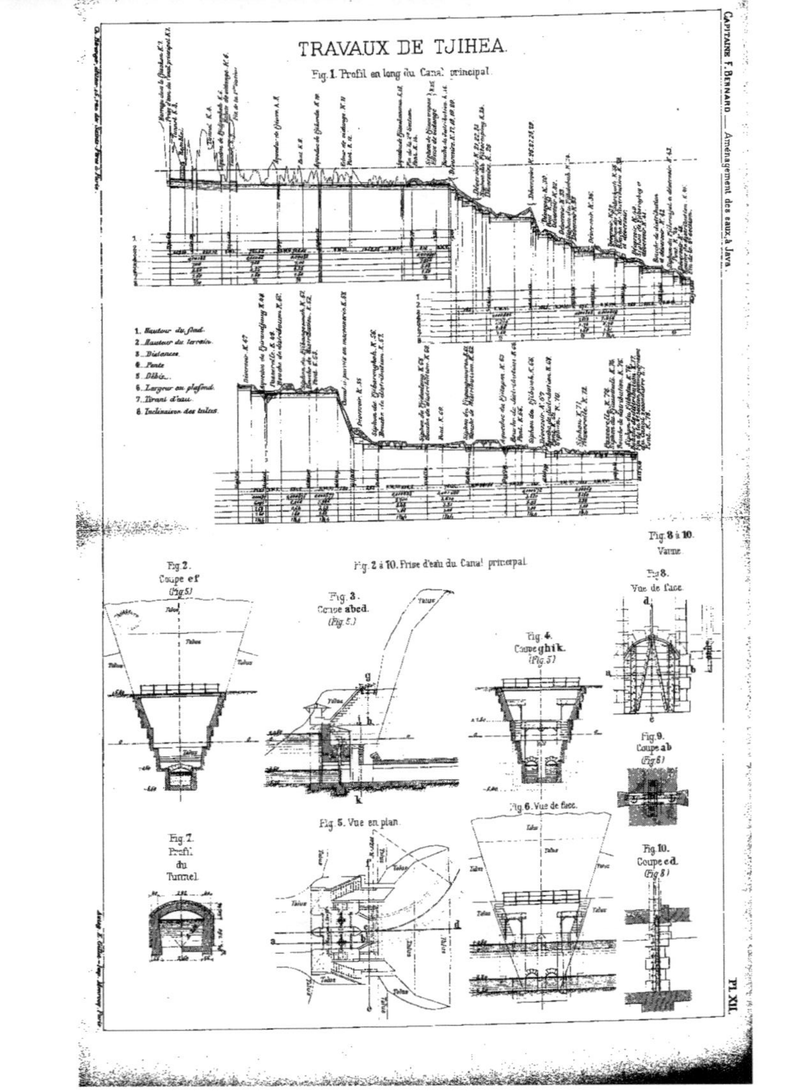
TRAVAUX DE TJIHEA.
Fig. 1. Profil en long du Canal principal.

1. Hauteur du fond.
2. Hauteur du terrain.
3. Distances.
4. Pente.
5. Débit.
6. Largeur au plafond.
7. Tirant d'eau.
8. Inclinaison des talus.

Fig. 2 à 10. Prise d'eau du Canal principal.

Fig. 2.
Coupe ef.
(Fig. 5.)

Fig. 3.
Coupe abcd.
(Fig. 5.)

Fig. 4.
Coupe ghik.
(Fig. 5.)

Fig. 5. Vue en plan.

Fig. 6. Vue de face.

Fig. 7.
Profil
du
Tunnel.

Fig. 8 à 10.
Vanne.

Fig. 8.
Vue de face.

Fig. 9.
Coupe ab.
(Fig. 8.)

Fig. 10.
Coupe cd.
(Fig. 8.)

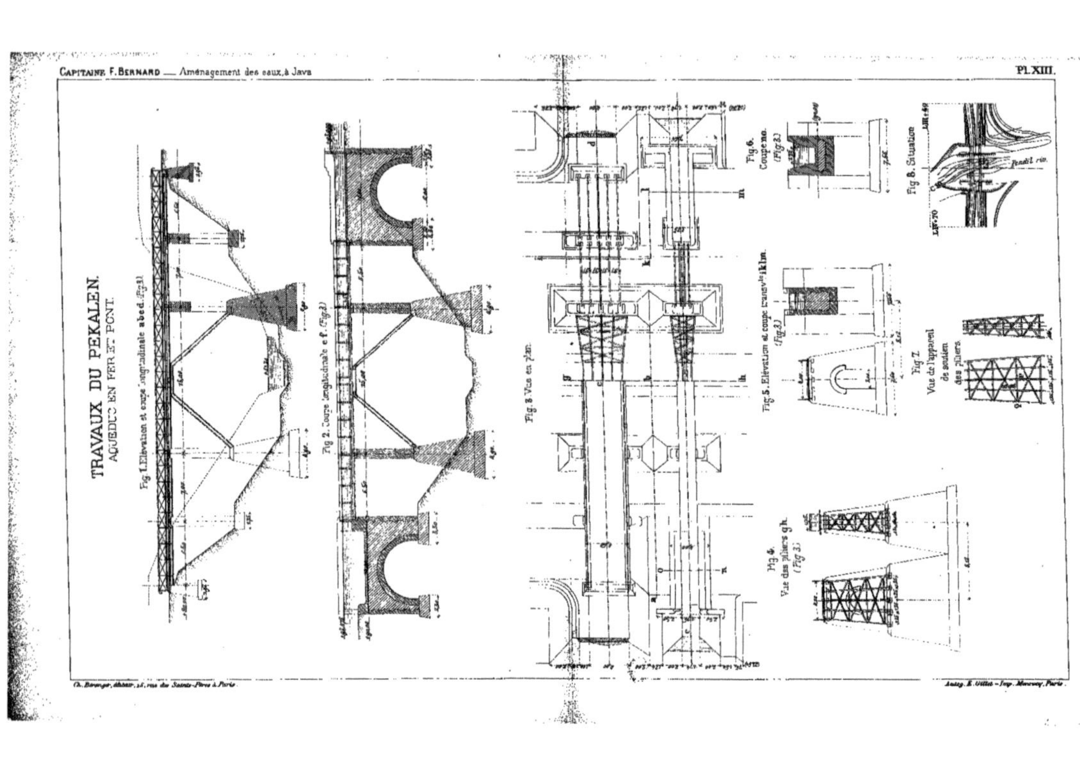
TRAVAUX DU PEKALEN.
AQUEDUC EN FER ET PONT.
Fig 1. Elévation et coupe longitudinale a b c d. (Fig.3)
Fig 2. Coupe longitudinale e f. (Fig.2)
Fig 3. Vue en plan.
Fig 4. Vue des piliers g h. (Fig.3)
Fig 5. Elévation et coupe transv.le i k l m. (Fig.3)
Fig 6. Coupe n o. (Fig.3)
Fig 7. Vue de l'appareil de soutien des piliers.
Fig 8. Situation.

TRAVAUX DU PEKALEN.

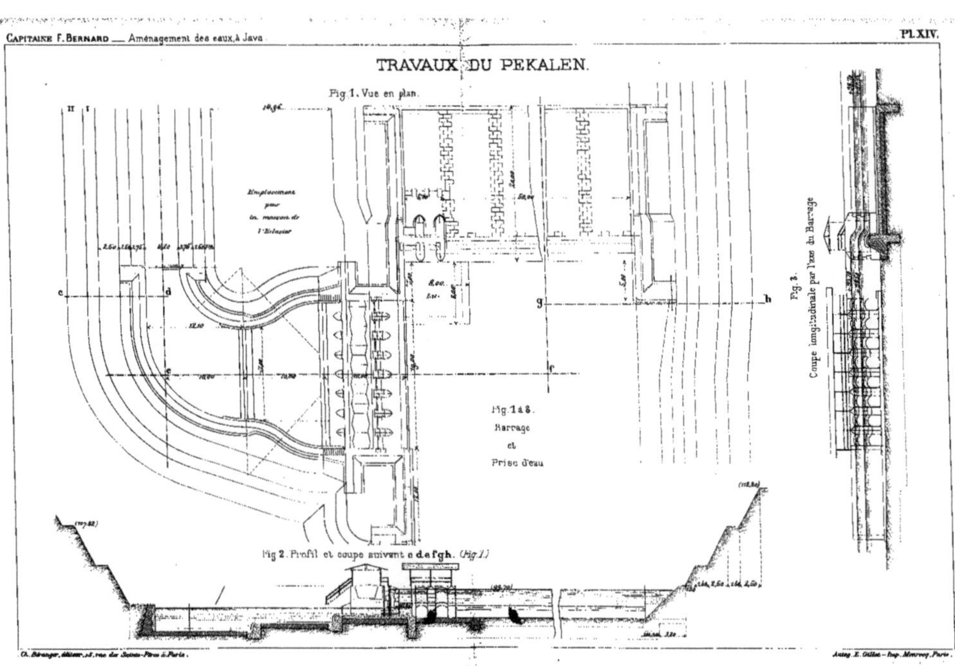

TRAVAUX DU PEKALEN.

Fig. 1. Profil en long du Canal principal

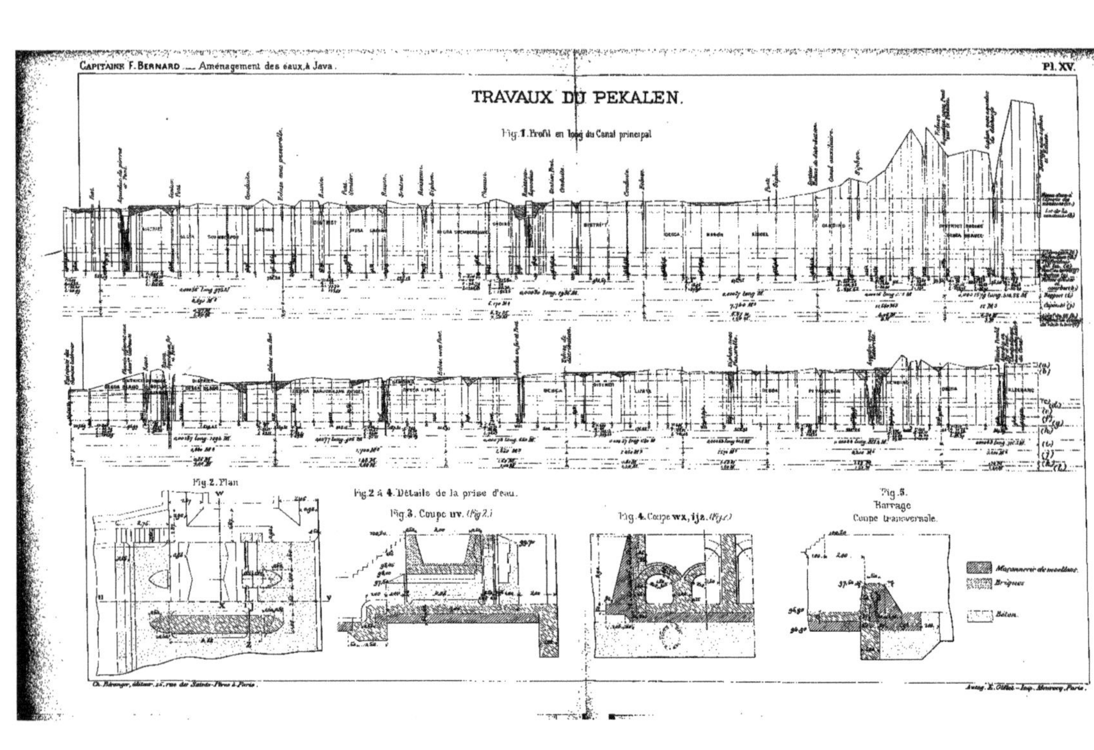

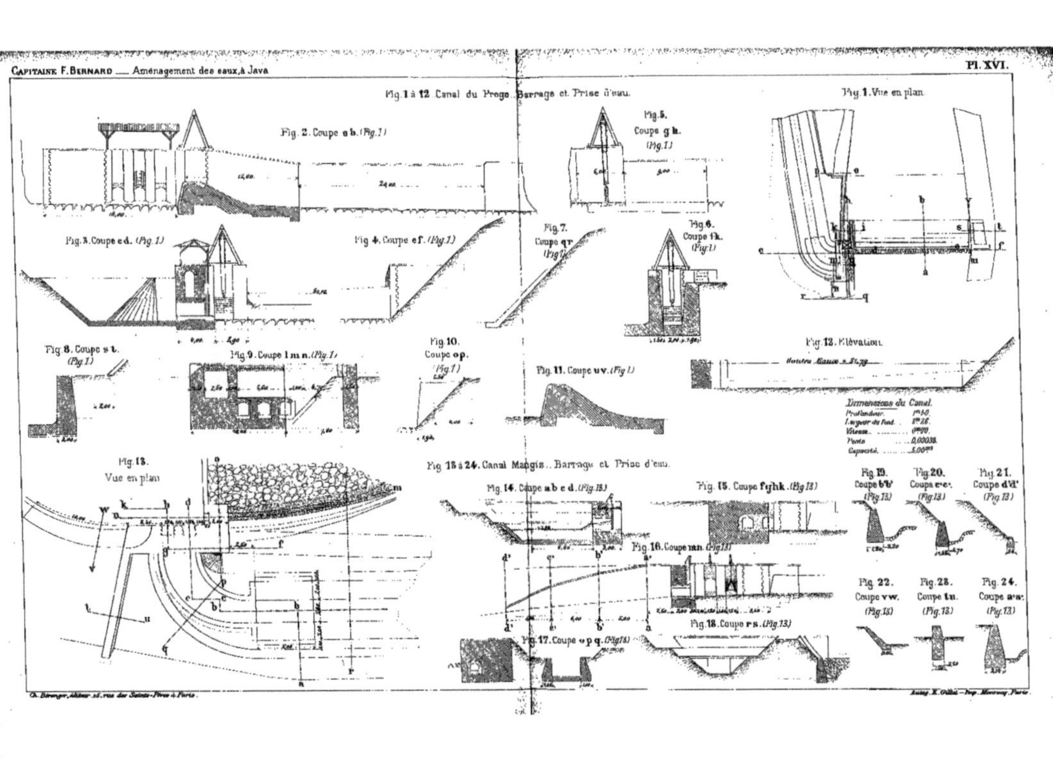
Fig. 1 à 12. Canal du Progo. Barrage et Prise d'eau.
Fig. 2. Coupe a b. (Fig. 1)
Fig. 5. Coupe g h. (Fig. 1)
Fig. 1. Vue en plan.
Fig. 3. Coupe c d. (Fig. 1)
Fig. 4. Coupe e f. (Fig. 1)
Fig. 7. Coupe q r (Fig. 1)
Fig. 6. Coupe i k. (Fig. 1)
Fig. 8. Coupe s t. (Fig. 1)
Fig. 9. Coupe l m n. (Fig. 1)
Fig. 10. Coupe o p. (Fig. 1)
Fig. 11. Coupe u v. (Fig. 1)
Fig. 12. Élévation.
Dimensions du Canal.
Fig. 13. Vue en plan
Fig. 13 à 24. Canal Mangis. Barrage et Prise d'eau.
Fig. 14. Coupe a b c d. (Fig. 13)
Fig. 15. Coupe f g h k. (Fig. 13)
Fig. 19. Coupe b b'. (Fig. 13)
Fig. 20. Coupe c c'. (Fig. 13)
Fig. 21. Coupe d d'. (Fig. 13)
Fig. 16. Coupe m n. (Fig. 13)
Fig. 22. Coupe v w. (Fig. 13)
Fig. 23. Coupe t u. (Fig. 13)
Fig. 24. Coupe a a'. (Fig. 13)
Fig. 17. Coupe o p q. (Fig. 13)
Fig. 18. Coupe r s. (Fig. 13)

TRAVAUX DE DEMAK

La région de Demak est comprise entre le Toentang, le Sérang, les montagnes et la mer, et occupe une superficie de 33.000 hectares. Le Toentang sort de vastes marais situés près d'Ambarawa et son débit varie de 3 m. c. 500 à 400 mètres cubes ; en moyenne il est de 26 mètres.

Le Sérang, au contraire, est une rivière d'allure torrentielle ; en été, il est presque à sec et ne roule pas plus d'un demi-mètre cube. Pendant la saison des pluies il est sujet à des crues subites et formidables et son débit atteint 2.000 mètres cubes. Il reçoit, dans la partie inférieure de son cours, deux affluents, le Kali Loesie et le Kali Gelis, dont le régime présente les mêmes irrégularités.

Entre le Toentang et le Sérang coulent deux cours d'eau secondaires, le Djadjar et le Teleng qui sont uniquement alimentés par les pluies locales et dont le bassin

Travaux de Demak. — Barrage de Sedadi sur le Serang.

ne s'étend pas au delà de la zone irriguée. Un canal, creusé au commencement du siècle, pendant le gouvernement du maréchal Daendels, et qui réunit Samarang à Joana, coupe transversalement la région. On l'appelle le Prauwaart Canal ou canal des Pirogues ; les barques qui l'utilisaient remontaient autrefois le Sérang jusqu'à l'ouverture d'un autre canal, le Babalan, qui les conduisait dans la rivière de Joana. Actuellement une ligne ferrée partie de Semarang aboutit d'une part à Taugoelangin et Joana, d'autre part à Godong et Blora.

Les premiers travaux entrepris eurent pour but de défendre le pays contre les inondations. Le Toentang et le Sérang étaient endigués, mais les digues, très rapprochées des cours d'eau, en suivaient en outre toutes les sinuosités (1). Il en résultait des ruptures fréquentes.

En 1849, les dégâts furent tels que presque toutes les récoltes furent perdues,

(1) Il en est aujourd'hui ainsi dans le delta du fleuve Rouge, au Tonkin.

et que 100.000 personnes périrent de faim. Le premier soin fut de refaire les digues.

On les tint assez loin des berges de façon à ménager aux fleuves un lit majeur assez étendu, et on leur donna, en plan, un tracé parallèle à la direction générale des cours d'eau. Ceci ne fit point disparaître tout danger ; les eaux pluviales n'avaient d'écoulement que par le Djadjar qui tombait lui-même dans le Toentang, en amont du point de croisement du canal des Pirogues.

En 1875, on élargit et on rectifia le lit du Djadjar sur une longueur de 11 kilomètres et on le relia par une coupure au canal des Pirogues. On opéra de même sur un autre ruisseau de même nature, le Brandjangan, et l'on

Travaux de Demak. — Prise d'eau du Serang à Sedadi.

creusa au nord du Prauwaart canal un canal de drainage conduisant directement à la mer : le Westelijk canal (canal de l'Ouest).

On avait, depuis longtemps déjà, commencé les travaux d'irrigation. Les ouvrages de Glapan, sur le Toentang, furent entrepris en 1852. Le barrage en maçonnerie est en glacis. D'après le projet primitif, il devait avoir 100 mètres de longueur normalement à l'axe de la rivière, et 63 mètres parallèlement à cet axe, mais il a été mal construit. Des affaissements et des affouillements se sont produits et on a dû le réparer et le modifier à plusieurs reprises. La retenue d'eau est de 3 mètres.

Travaux de Demak. — Barrage du Toentang à Glapan.

Il y a une prise d'eau sur chaque rive ; sur la rive gauche, d'où se détache le canal d'irrigation Ouest, il n'y a que

deux ouvertures de 2 m. 90 de largeur ; sur la rive gauche, huit ouvertures, corres-
pondant au canal Est. Le canal devait irriguer une superficie de 28.000 bouws (1). Or, le débit moyen du Toentang était de 26 à 28 mètres cubes dont les 2/3 seulement, soit environ 18, étaient disponibles pour les terrains situés sur la rive droite. Il fallait donc réduire le domaine du canal à 17.000 bouws environ ; on y parvint en utilisant les eaux du Sérang, et on établit en 1872, sur cette rivière, le barrage de Sédadi. Le barrage a une longueur de 100 mètres et il offre un glacis de 30 mètres de longueur que prolonge un radier maçonné de 80 mètres. On a ménagé, dans l'axe, un chenal de 4 mètres de largeur pour le flottage des bois ;

Travaux de Demak. — Prise d'eau du Serang à Sedadi.

la crète est de 7 m. 40 au-dessus du lit de la rivière, et la retenue d'eau varie de 3 m. 30 à 4 m. 40. La martelière de prise a quatre ouvertures de 2 m. 15 et le débit du canal principal est de 27 mètres cubes.

On s'était en outre préoccupé d'assurer la navigation ; le chemin de fer de Demak à Godong et Blora n'était pas construit et le Sérang ne se prêtait point à la batellerie. On ferma l'extrémité est du canal des Pirogues qui, nous l'avons vu, se terminait au Sérang, et l'on y fit aboutir le canal principal de Sédadi. Celui-ci fut divisé en 11 biefs par 10 écluses ; de même on établit à Demak une écluse sur le canal des Piro-

Travaux de Demak. — Prise d'eau de Glapan sur le Toentang.

(1) Le bouw, unité de superficie employée à Java, vaut 7.096 mètres carrés.

gues pour séparer celui-ci du Toentang, et deux autres à Djebor et Gadjah. On obtenait ainsi un autre résultat. En maintenant les eaux à un niveau fixe dans le Prauwaart canal, on facilitait l'irrigation des terrains situés au nord de ce canal et jusqu'à la mer.

On ne devait pas s'en tenir là ; le débit du Sérang était trop irrégulier pour fournir *en temps opportun* l'eau nécessaire à l'irrigation et à la navigation. Le Toentang, au contraire, offrait des variations moindres et ses crues ne coïncidaient pas avec celles du Sérang. On établit donc une connexion entre les canaux principaux issus de Glapan et de Sédadi, et l'on put ainsi, par le canal t, s, déverser une partie de l'eau du Toentang dans le domaine irrigué par le Sérang.

Travaux de Demak. — Prise d'eau de Karanganjar sur le Serang.

D'autre part, le Kali Loesie et le Kali Gelis apportent, au Sérang, en aval du barrage de Sédadi, une quantité d'eau variable mais parfois considérable, dont une partie s'écoule en temps de crue par le Babalan et qu'il s'agissait d'utiliser. On a commencé par fermer le Babalan par un barrage assez bas pour fonctionner comme déversoir lorsque les eaux atteignent un niveau dangereux. Le Sérang se divisait en aval de Karanganjar en deux bras ; on en a fermé un, on a régularisé et endigué le second, le Kali Woelan, et on a établi deux barrages à aiguilles, l'un à Karanganjar, l'autre à

Travaux de Demak. — Prise d'eau de Karanganjar.

Boengo. Le barrage de Karanganjar a 30 mètres de largeur et la retenue est de 2 m. 20. Il offre 8 travées de 3 m. 75 de largeur ; les aiguilles s'appuient à leur partie supérieure sur un fer à T porté par des fermes en charpente qui soutiennent également une passerelle. Sur la rive gauche une double prise d'eau alimente deux canaux d'irrigation. Le barrage de Boengo est du même type que celui de Karanganjar ; il sert uniquement à empêcher l'eau de la mer de refluer dans les canaux, à marée haute pendant la saison sèche. A chacun de ces ouvrages est accolée une écluse pour la navigation.

Toute la région de Demak est ainsi divisée en cinq domaines distincts (voir plan d'ensemble) :

Le premier est limité par le Toentang, le canal principal T. 1, le Djadjar et le Westelijk Canal. Il est arrosé par le Toentang. Du canal principal se détachent plusieurs canaux secondaires, dont le plus important (t. 21 en amont, t. 39 plus bas) passe en siphon sous le canal des Pirogues.

Le second est compris entre le Sérang, le canal secondaire S. 2, le canal de Glapan T 1, et il est arrosé par les eaux du Sérang. Le canal S. 16 passe en siphon sous le Djadjar et en aqueduc sur le canal de Glapan pour irriguer une enclave trop élevée pour que les eaux du Toentang puissent y être déversées.

Travaux de Demak. — Canal principal du Toentang. — Prises d'eau de canaux secondaires.

Le troisième forme un triangle dont les sommets sont à Demak, Godong et Tanggoel Angin. Il est limité par le Djadjar, le canal des Pirogues et le Sérang Canal à partir du point où celui-ci est relié au canal de Glapan ; il reçoit les eaux mélangées du Toentang et du Sérang.

Le quatrième s'étend au nord du canal des Pirogues entre le Westelijk Canal, le Wonoredjo Canal, et une coupure à peu près parallèle à la mer et que l'on appelle le Plaboean Canal ; les eaux qui s'y déversent proviennent à la fois du Sérang, du Toentang, du Djadjar et des différentes conduites de drainage qui, pendant les pluies, alimentent le canal des Pirogues.

Le cinquième enfin, est circonscrit par le Wonoredjo Canal, le Kali Anjar, le bras septentrional du Sérang et la mer. Il est irrigué par les eaux du Sérang après que celui-ci a reçu en aval de Sédadi, le Kali Loesie et le Kali Gelis. Les deux canaux qui se détachent de la prise d'eau de Karanganjar suivent les digues du canal de Wonoredjo et du Kali Woelan. Au nord du Kali Woelan qui coupe la région en deux, le terrain est très bas et les rigoles d'arrosage se détachent directement du fleuve en amont de Boengo.

Au sud du canal des Pirogues, les eaux pluviales se réunissent dans des canaux de drainage, dont les plus importants : le Kali Teleng, le Djadjar et le Brandjangan Canal, sont des ruisseaux dont le lit a été rectifié, creusé et élargi. Il en est cependant d'autres que l'on a tracés en utilisant autant que possible les dépressions existantes, tels le canal c. 75 relié par deux coupures au canal des Pirogues et qui aboutit au Brandjangan canal ; le canal c. 72 dans lequel se déversent c. 52, c. 56, c. 59 et qui débite 25 mètres cubes.

Au nord du canal des Pirogues, où la pente du terrain est très faible, on a dû creuser cinq canaux de drainage : le Westelijk Canal, le Djebor Canal, le Sedoe Canal, le Gadjah Canal, enfin le canal de Wonoredjo ou Kali Woelan ; la section de ces canaux est considérable. Le Djebor Canal mesure à son origine 35 mètres de largeur au plafond. Chacun d'eux d'ailleurs est muni à sa tête d'un dispositif particulier permettant de maintenir le niveau constant dans le canal des Pirogues. Celui-ci offre par suite sur une longueur de 19 kilomètres un nombre considérable d'ouvrages d'art.

C'est d'abord l'écluse de Demak. Puis, plus loin, la traversée du canal d'irrigation t. 39 ; elle se fait au moyen d'un siphon en

Travaux de Demak.— Canal des Pirogues.— Ouvrages de tête du canal de Djebor.

fonte et les têtes de l'ouvrage sont construites en bois de teck.

Le Djadjar et le Brandjangan se déversent dans le canal des Pirogues par-dessus des barrages fixes en maçonnerie et la double ouverture du Westelijk Canal présente la même disposition.

A Djebor se trouvent un premier barrage et une écluse pour les petites embarcations en usage dans la région. Le barrage a une partie fixe en maçonnerie et une partie mobile à aiguille. Les écluses ont une longueur de 15 mètres entre les portes ; celles-ci sont doubles. En effet, le courant qui, en temps normal, est dirigé de l'est vers l'ouest peut être inversé au moment des crues du Djadjar.

Immédiatement en amont se trouvent d'abord la prise d'eau des canaux d'irrigation P. 10 et P. 11, puis le débouché d'une coupure qui relie le canal des Pirogues au canal de drainage c. 75 ; enfin l'ouverture du grand canal de Djebor. La coupure est fermée par une porte d'écluse s'ouvrant automatiquement vers le canal des Pirogues lorsque le niveau dans celui-ci est plus bas que dans le canal c. 75. Le canal de Djebor est alimenté par une prise d'eau qui présente six ouvertures de 1 mètre de largeur, fermées par des vannes.

Plus loin encore s'ouvre une nouvelle coupure issue du canal c. 75, puis les canaux d'irrigation P. 9 et P. 8 ; au delà le canal de drainage C. 72 traverse et se continue par le Sedoe Canal. Le canal des Pirogues est, en ce point, en aqueduc ; l'aqueduc, en bois, est pendant une partie de l'année complètement noyé. De chaque côté on a disposé des ventelles qui permettent d'alimenter le canal des Pirogues quand les eaux de drainage atteignent un niveau supérieur, ou, au contraire, d'en évacuer le trop-plein. Le Sedoe Canal est également fermé, à quelque distance de

BARRAGE DE KARANGANJAR SUR LE SERANG

Situation

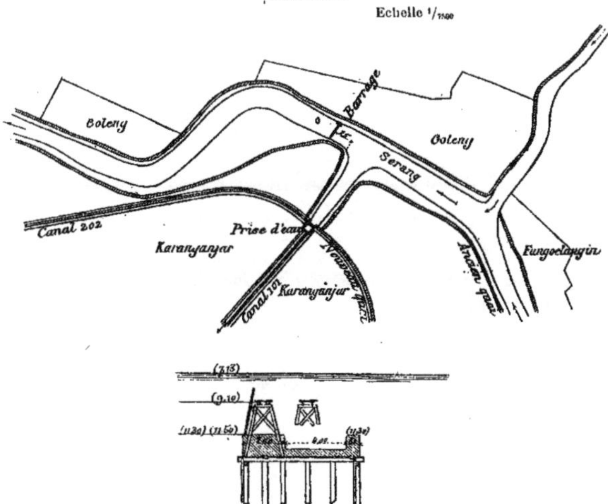

l'origine, par des vannes, ce qui permet de commander le niveau dans le canal C. 72.

A Gadjah, nouveau barrage à aiguilles, avec écluse, puis prise d'eau des canaux P. 6 et P. 5 et entrée du Gadjah Canal ; au delà enfin, prise d'eau des canaux P. 1, P. 3 et W. 1, et ouverture du canal de Wonoredjo.

BARRAGE DE KARANGANJAR SUR LE SERANG

Profil et Vue abcdef.

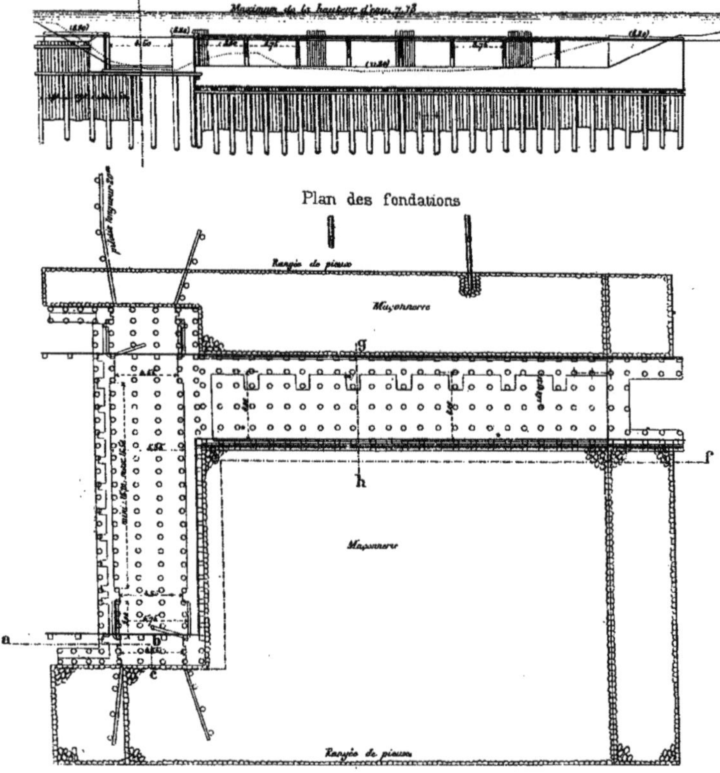

Il est difficile de connaître exactement les dépenses qu'ont entraînées les travaux de Demak. Commencés il y a un demi-siècle, ils ont été poursuivis pendant longtemps

sans méthode ; depuis 15 ou 20 ans cependant on a apporté à leur amélioration un soin, une ingéniosité remarquables. Ils offrent une infinité d'ou-
vrages de construction et de types
différents. Si l'on tient compte du
régime inégal des cours d'eau, des
conditions climatériques spéciales, de la disposition du terrain,
on peut affirmer que l'on a tiré de
la situation le meilleur parti. On
a résolu d'une façon complète les
différents problèmes d'irrigation,
de drainage, de protection et de
navigation ; on a en outre orga-
nisé minutieusement l'exploitation, et nous verrons plus loin
comment on dirige avec certitude la mise en valeur d'une
région sujette autrefois à de ter-
ribles famines.

Travaux de Demak. — Canal des Pirogues, entre Blora et
Semarang, après une forte pluie.

TRAVAUX DU BRANTAS

Le Brantas prend naissance sur le revers méridional du massif de l'Ardjoeno ; il
coule tout d'abord vers le sud, s'engage dans un couloir étroit entre le Kawi et le Kloet
d'une part, et les collines calcaires qui bordent la côte de l'Océan Indien de l'autre,
puis, se retourne vers le nord et vient tomber dans la mer de Java, presque exactement au nord du point où sont situées ses sources. Son débit varie de 46 mètres
cubes à 1.300, et ne présente point les oscillations brusques auxquelles sont soumis
la plupart des fleuves de Java. Dans les hautes montagnes qui limitent sa vallée, le
Tengger, le Semeroe, l'Ardjoneo, le Willis, les pluies, en effet, sont fréquentes même
en été. Les pentes qui s'abaissent vers le fleuve sont assez douces et régulières, cou-
vertes de rizières et de plantations jusqu'à une altitude de 1.500 à 1.600 mètres ; les
affluents, très nombreux, sont peu importants ; les plus gros sont le Kali Amprong,
le Kali Lesti, le Kali Ngrowo, le Kali Widas, le Kali Konto, le Goenting, le Pikatan,
le Pategoean, le Larangan.

La rivière de Soerabaja formait autrefois un fleuve distinct ; mais des coupures
naturelles ou artificielles l'ont reliée au Brantas, ce sont celles de Kedongsoro, Gedek

3

et Melirip. La rivière de Soerabaja, le Porrong, bras principal du Brantas et le canal issu de Melirip qui relie les deux rivières, limitent le delta de Sidoardjo, dont la superficie est d'environ 28.000 hectares.

Travaux du Brantas. — Barrage de Lengkong.

La presque totalité du bassin du Brantas est irriguée, soit par les eaux du fleuve, soit par celle de ses affluents. De tout temps, les indigènes ont utilisé ces derniers. Une grande partie des travaux qu'ils ont exécutés subsistent encore, sans modifications, d'autres ont été remaniés, et les travaux neufs, travaux réguliers, sont l'exception. Sur les 294.000 hectares irrigués, 133.000 le sont par des ouvrages indigènes, 146.000 par des ouvrages indigènes améliorés, 15.000 seulement par des travaux entièrement neufs. Nous ne nous occuperons que de la partie inférieure de la vallée du Brantas.

Le premier problème qui s'est présenté n'a pas été celui de l'irrigation. En temps de crue, les eaux du fleuve se partageaient inégalement et s'écoulaient soit par le Porrong, soit par les divers bras qui le reliaient à la rivière de Soerabaja ; les alluvions entraînées menaçaient d'ensabler le port de Soerabaja et les passes qui y conduisent. Pendant la saison sèche, au contraire, une faible partie des eaux seulement passait par la rivière de Soerabaja où la batellerie devenait impossible. On s'est donc préoccupé de régler la distribution des eaux entre les différents bras du fleuve. L'embouchure du Porrong est situé à 3 milles au sud du chenal que prennent les

Travaux du Brantas. — Barrage de Lengkong.

navires venant de l'est et allant à Soerabaja ; les courants, très faibles sont dirigés vers le sud et l'on n'a point à redouter que les alluvions soient entraînées dans la direction du port. On décida par suite la fermeture des bras de Gedek et de Kedongsoro, la construction d'une écluse à Melirip et d'un barrage à Leng Kong. Pendant la saison sèche, les eaux du Brantas devaient être utilisées complètement pour l'irrigation et

pour les besoins de la navigation dans la rivière de Soerabaja. Pendant les crues, au contraire, les eaux du Brantas devaient s'écouler avec les alluvions qu'elles entraînaient par le Porrong, et le débit de la rivière de Soerabaja uniquement alimentée par son propre bassin ne devait pas s'élever au delà de 300 mètres cubes.

Le barrage de Leng Kong a été terminé en 1857. C'est un barrage mobile et c'est le plus important de tous les ouvrages de ce genre construits à Java. Il a une longueur totale de 123 mètres et présente dix ouvertures de 10 mètres, que l'on ferme,

Travaux du Brantas. — Ecluse de Melirip.

soit au moyen de poutrelles, soit d'une façon plus hermétique à l'aide de bateaux-portes.

L'ouvrage de tête du canal de Melirip offre deux ouvertures, dont l'une est munie simplement de poutrelles ; l'autre forme une écluse à sas de 5 mètres de largeur qui fonctionne au moyen d'une porte en éventail. Immédiatement en amont du barrage on a construit, pour l'irrigation du delta de Sideardjo, deux prises d'eau, dont chacune comporte trois ouvertures de 3 mètres de largeur. En amont de Leng-Kong, les terrains situés sur les deux rives du Brantas sont irrigués par de petits canaux qui se détachent directement du fleuve.

Les premiers travaux ne firent pas disparaître tous les dangers qui menaçaient la ville et le port de Soerabaja. Les bancs de sable qui se formaient à l'embouchure du Kali Mas (un des deux bras de la rivière de Soerabaja) augmentaient régulièrement. En certains points on constatait qu'ils progressaient de 10 à 12 mètres par an. C'est qu'en effet les crues du Brantas étaient telles qu'il n'était point possible d'écouler les eaux en totalité par le Porrong et que l'on était forcé d'en évacuer une partie par la rivière de Soerabaja dont le débit s'élevait alors à 500 ou 700 mètres cubes.

Le canal de Wono Kromo qui se détachait de la rivière à 6 kilomètres environ en amont de Soerabaja en écoulait une trop faible partie et des ruptures de digues, des inondations se produisaient fréquemment. On résolut d'élargir et d'améliorer le lit du Porrong. Celui-ci n'offrait qu'un bras unique jusqu'à Sepat à 15 kilomètres environ en aval de Leng Kong ; il se divisait ensuite, mais ses canaux se réunissaient encore en un seul tronc, aux environs de Djabong. C'est dans cette partie que le chemin de fer de Soerabaja à Pasoeroean franchit la rivière. Aussitôt après, le

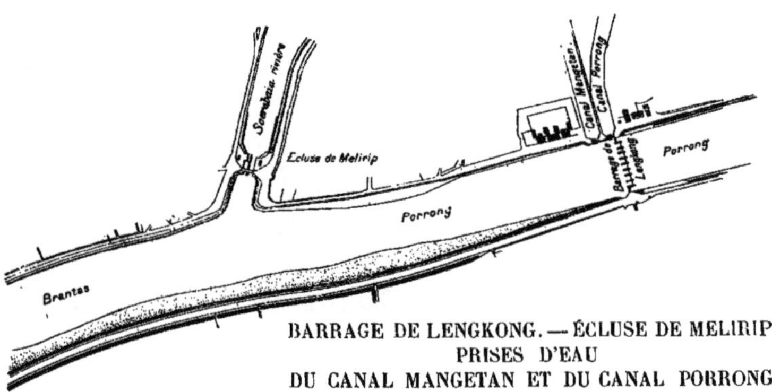

BARRAGE DE LENGKONG. — ÉCLUSE DE MELIRIP
PRISES D'EAU
DU CANAL MANGETAN ET DU CANAL PORRONG

Porrong se subdivisait en plusieurs bras, d'allure indécise et de faible profondeur. En amont de Leng Kong, on déplaça les digues de façon à élargir le [lit majeur et on dragua le chenal ; en aval, on pratiqua une coupure, celle de Gambiran, longue de 11 kilomètres, capable de débiter 550 mètres cubes, et qui, partie du Porrong, y aboutissait de nouveau à Sepat. Enfin au-dessous de Djabong, on rectifia le cours des différents arroyos que l'on réunit entre eux par des canaux de manière à former deux bras principaux capables d'évacuer rapidement à la mer les eaux du fleuve. Sur le Porrong, comme sur la rivière de Soerabaja, on exhaussa et on renforça les digues.

Pour utiliser les eaux de la rivière de Soerabaja et faciliter la navigation dans le voisinage de la ville, on construisit deux barrages, celui de Goebeng et celui de Goenoeng Sari. Le second est le plus grand : il a une longueur totale de 150 mètres ; il présente 9 ouvertures de 10 mètres fermées par des aiguilles, 2 pertuis de 5 mètres fermés par des poutrelles, 2 écluses à sas. La retenue d'eau est au maximum de 2 m. 50. La longueur des sas des écluses est de 30 mètres, la largeur entre les bajoyers de 7 m. 50. Le barrage de Goebeng, situé à 6.300 mètres en aval, présente les mêmes dispositions, mais il n'a que 6 ouvertures de 10 mètres au lieu de 9. Entre les deux ouvrages, en effet, s'ouvre le canal de Wono Kromo, fermé d'ordinaire par des vannes et qui débite une partie des eaux de la rivière pendant les crues. En amont de chaque ouvrage se détachent des canaux d'irrigation dont l'un sert, en outre, à donner dans les canaux et les égouts de la ville une chasse d'eau énergique. Les pluies qui tombent sur la rive gauche de la rivière de Soerabaja s'écoulent en partie par un canal latéral, celui de Kedoeroes qui vient aboutir en aval de Goenoeng Sari.

L'action du barrage construit en ce point se fait sentir jusqu'au hameau de Sepandjang ; de là et jusqu'à Melirip on a régularisé le lit de la rivière au moyen de digues transversales. Cette solution ne paraît pas d'ailleurs complètement satisfaisante. La navigation est encore difficile, et, en été, elle exige une dépense d'eau

BARRAGE ET ÉCLUSES D'IRRIGATION A LENGKONG

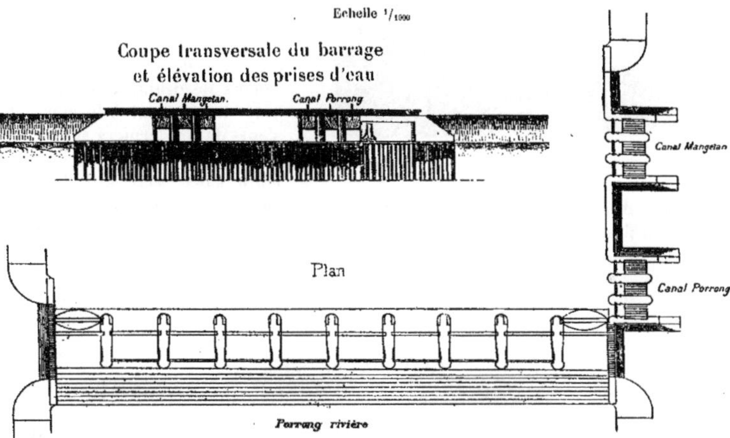

de 25 à 30 mètres cubes à la seconde, c'est-à-dire à la moitié ou les 2/3 du débit du Brantas.

On a projeté d'utiliser pour la batellerie un des grands canaux d'irrigation, le le Mangetan Canal, en le reliant par des écluses, d'une part, à la rivière de Soerabaja à Sepandjang, et, de l'autre, au Brantas à Leng Kong.

Le delta de Sidhoardjo a une superficie *irrigable* de 36.000 bouws, soit 25.200 hectares ; les parties les plus hautes sont précisément celles qui avoisinent les berges du Porrong et de la rivière de Soerabaja. Les eaux pluviales ont creusé par érosion une série de thalwegs parallèles, aboutissant à la mer. Les deux canaux d'irrigation puisent l'eau du Brantas à Leng Kong : l'un d'eux, le Mangetan Canal suit à peu de distance les digues de la rivière de Soerabaja ; l'autre, le Porrong Canal reste constamment le long et près du Porrong. Le premier débite en moyenne 15 mètres cubes, le second 9 seulement.

De chacun d'eux se détachent des canaux secondaires qui suivent les lignes de crête ; le tropplein des rizières et les eaux pluviales se déversent dans des canaux de drainage qui aboutissent directement à la mer. Plusieurs de ces derniers sont barrés dans leur partie inférieure et leurs eaux sont utilisées pour

Travaux du Brantas. — Prises d'eau de Lengkong.

l'irrigation des parties basses que les digues protègent contre la mer. Près de la côte s'étendent des étangs où les indigènes conservent et élèvent des poissons ; la partie nord du delta est irriguée par une série de petits canaux dérivés de la rivière de Soerabaja.

TRAVAUX DU SOLO

Le Solo est le plus grand fleuve de Java. Il prend sa source au sud de Soerakarta, dans une région calcaire de faible altitude. Il coule d'abord vers le nord, entre le Merapi et le Lawoe, s'infléchit à l'est et reçoit à Ngawi la rivière de Madioen, il fait alors un coude brusque vers le nord, puis suit jusqu'à son embouchure une direction parallèle à la côte de la mer de Java, dont le sépare un plateau boisé de peu de hauteur. Il tombe dans la mer au nord de Soerabaja, en face de l'île de Madoera. C'est une rivière d'allure torrentielle et dont le débit varie de 9 mètres cubes à 2.300. Sa vallée inférieure, sur une longueur de 120 kilomètres, est assez large et bien

cultivée. Il y règne toutefois pendant 5 mois de l'année, de mai à octobre, une sécheresse souvent excessive.

En 1891, dès le 1er mai, le débit de la rivière était réduit à 100 mètres cubes et
le 15 mai, il était à peine de 50. D'autre part, à partir de Babat, et jusqu'à la mer,
il y a sur les deux rives des dépressions où s'accumulent les eaux pluviales, et aussi
celles qui se déversent dans les
campagnes pendant les crues.

Ainsi, dans la région du Solo,
comme dans celle du Brantas ou
de Demak, le problème était double, problème d'irrigation et de
drainage. En outre, les alluvions
du fleuve menaçaient d'obstruer
l'une des passes qui conduisent à
Soerabaja. Les navires qui vont
jusqu'à ce port passent soit au
sud, soit à l'ouest de l'île de Madoera. Nous avons vu, dans la
description des terrains du Brantas, comment on s'est efforcé de
protéger l'Oostgat (1) contre les
envasements. Les difficultés du
côté du Westgat (2) étaient plus
grandes. Le Solo avait deux em-

Travaux du Solo.— Canal principal en construction.

bouchures, la principale au nord et non loin de l'entrée du détroit ; l'autre, le Kali
Miring, plus au sud. Après des études fort longues et de stâtonnements qui durèrent
depuis 1844 jusqu'en 1881, on reconnaissait qu'il n'y avait d'autre solution que de
rejeter les eaux du Solo assez loin de l'entrée du Westgat. On décidait de faire une
coupure qui devait aboutir à Oedjoeng Panka, à 12 kilomètres environ de l'embouchure principale et de fermer l'ancien bras. Le Kali Miring était réservé exclusivement pour la navigation et l'on construisait une écluse au point où il se détache
du Solo. La coupure d'Oedjoeng Panka, longue de 15 kilomètres, fut faite dans de
la vase molle au moyen de dragues.

On enleva ainsi, de 1882 à 1889, 2.400.000 mètres cubes. Dès que la coupure fut
ouverte, il se produisit un élargissement et un approfondissement notables ; on
constatait, dans l'année qui suivit la fermeture du Kali Miring, l'enlèvement de
280.000 mètres cubes d'alluvions. On protégeait les berges de la coupure en amont
au moyen d'épis transversaux en bambou. Les progrès s'arrêtèrent cependant bientôt.

(1) Passage Est.
(2) Passage Ouest.

En 1891, le profil moyen de la coupure était seulement de 688 mètres carrés, alors que celui du Solo à 1 kil. 800 en amont du Kali Miring était de 1.096 mètres carrés. Il en résultait une augmentation notable de la hauteur des crues dans la vallée. De nouveaux bancs se formaient d'ailleurs à l'embouchure nouvelle et les courants entraînaient les alluvions vers le Westgat. On avait relié la pointe extrême de l'île de Madoera à un petit îlot que l'on appelle le Djamoean Rif, de façon à augmenter la vitesse des courants dans le chenal au moment de la marée montante ou descendante. On ne tardait pas à constater que la solution adoptée était insuffisante et l'on élaborait de nouveaux projets. Les dépenses s'étaient élevées pour ces premiers travaux à 3 091.008 florins, soit 6.490.000 francs.

Les études nouvelles, plus complètes, comportaient en même temps que la protection du Westgat l'irrigation de la vallée du Solo et sa défense contre les crues, le drainage des bas-fonds, l'amélioration de la navigation intérieure. On avait déjà projeté, dès 1850, d'utiliser pour l'irrigation les eaux de 2 petits affluents, le Kali Kening et le Kali Patjal. Les travaux du Kali Kening ont été exécutés; ceux du Kali Patjal ne pouvaient intéresser qu'une très faible étendue et n'ont pas été entrepris.

Un second projet comportait l'établissement d'un barrage et d'une prise d'eau près de Sarangan pour l'irrigation de la partie *inférieure* de la vallée. Dans le projet actuel, on a reporté la prise d'eau à Ngloewak, au débouché même des montagnes, et l'on a décidé de creuser un nouveau lit au Solo et de le faire aboutir dans la mer de Java, à Sidajoe Lawas, à 35 kilomètres environ à l'ouest d'Oedjoeng Panka. La coupure aura une longueur de 18 kilomètres et une profondeur maxima de 36 mètres. Le cube total des déblais dépassera 15 millions de mètres cubes ; les terrains traversés présentent des couches alternées de marne, de sable et d'argile. Le lit inférieur actuel du Solo sera complètement fermé à Wringin Anom (1) par un barrage en terre, et ne servira plus désormais qu'à l'écoulement des eaux de drainage provenant des terrains bas de la vallée. La navigation se fera sur les canaux principaux d'irrigation qui doivent être mis en relation avec la rivière de Soerabaja. La section et la pente de la coupure Sidajoe Lawas ont été calculées de manière à assurer l'évacuation rapide des crues.

Les travaux entrepris et dont l'achèvement exigera encore plusieurs années, irrigueront 223.000 bouws, soit 156.000 hectares, et le canal principal débitera 135 mètres cubes. Le barrage doit être établi dans une coupure et il aura 210 m. 50 de largeur. Il sera en glacis et sa longueur atteindra 78 mètres; la hauteur de la crête au-dessus du fond de la coupure sera en amont de 5 m. 10, et en aval de 16 m. 50; le fond de la coupure doit se relever ensuite vers l'aval, de manière à former un matelas d'eau profond de 6 mètres qui garantit le pied du barrage. Du côté de la rive droite on doit ménager deux pertuis de chasse de 4 mètres de largeur.

(1) Point où s'amorce la coupure.

La prise d'eau aura 8 ouvertures de 5 m. 60 de largeur, fermées par des vannes ; une écluse pour la navigation permettra de passer du canal principal dans la rivière. Le sas aura une longueur de 30 mètres et 5 m. 50 de largeur entre les bajoyers.

Le canal principal, presque entièrement achevé, a une longueur totale de 169 kilomètres ; dans la première partie il mesure 43 mètres de largeur au plafond ; les talus sont inclinés à 1/2 et la profondeur est de 4 mètres ; elle varie, du reste, et elle est réduite à 1 m. 20 à l'extrémité. Le canal est divisé en sections par des barrages éclusés et, pendant la saison sèche, on maintiendra dans chaque bief une profondeur minima de 1 m. 50 nécessaire pour la navigation. On avait pensé tout d'abord à faire passer les bateaux du canal principal dans le deuxième canal du nord (2° Noorder Canal) (1) qui aboutit immédiatement en aval de Wringin Anom ; on aurait suivi ensuite l'ancien lit du Solo et le Kali Miring. Il y aurait eu ainsi 17 biefs, dont 5 sur le canal principal.

Dans le projet actuel, on passera directement du canal principal dans la rivière de Soerabaja au moyen de 14 écluses.

Un large fossé suit le pied des remblais qui longent le canal sur la rive droite et recueille les eaux venues de la montagne qui s'écoulent, de distance en distance, par des siphons. Il n'y a pas moins de 28 siphons, dont l'un, celui qui correspond au Kali Patjal, doit débiter jusqu'à 176 mètres cubes à la seconde. Ces siphons sont d'ordinaire combinés avec un barrage à poutrelles établi sur le canal et une écluse de vidange. De part et d'autre des points où ils sont établis, on pratique, par-dessus les remblais du canal, des déversoirs qui permettent, en cas de pluies exceptionnelles, d'évacuer le trop-plein du canal. Entre les hauts remblais de la rive droite du canal et les collines, on constituera des réservoirs d'alimentation.

Dans toute la première section et sur une longueur d'environ 70 kilomètres, les terrains irrigables compris entre le canal principal et le Solo ne forment qu'une bande étroite et de faible superficie. Au kilomètre 67 se détache le premier canal du nord, dont le débit sera de 13 mètres cubes ; il passera le Solo à Bebet, au moyen d'un siphon métallique, dans lequel la vitesse atteindra 5 mètres, et irriguera les terrains de la rive gauche jusqu'à la grande coupure de Sidajoe Lawas.

Le deuxième canal du nord s'ouvre au kilomètre 83 ; il traverse l'ancien lit du Solo en remblai à Wringin Anom, et son action s'étendra jusqu'à Sidajoe.

Deux grands canaux s'embranchent encore sur le canal principal aux kilomètres 118 et 136.

De chacun des cinq grands canaux se détacheront des canaux plus petits qui irrigueront des terrains d'étendue variable, limités par des dépressions naturelles utilisées pour le drainage : le nombre de ces canaux secondaires sera de 232.

La complexité de ces travaux, les tâtonnements auxquels ils ont donné lieu, la

____

(1) Voir pl. X.

longueur du canal d'amenée expliquent le coût élevé des ouvrages du Solo. On avait prévu tout d'abord une dépense de 20 millions de florins ; les nouveaux devis s'élèvent à 39 millions, soit 80 millions de francs.

LES IRRIGATIONS DE LA PROVINCE DE TEGAL

La province de Tegal forme, le long de la mer de Java, une étroite bande de terrain, limitée au sud par une haute arête montagneuse que domine la masse du

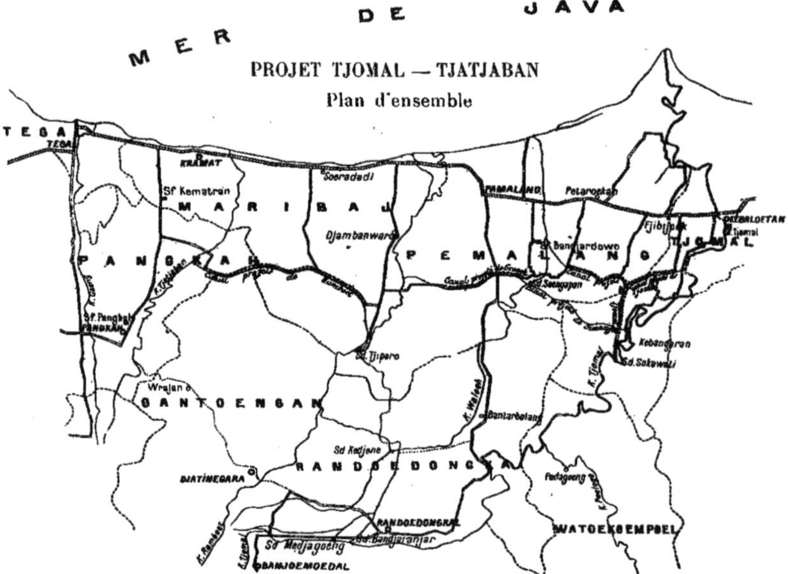

Slamat (3.427 mètres). Elle est arrosée par un grand nombre de cours d'eau torrentiels. C'est d'abord à l'ouest la Losarie, qui sépare la province de Tegal de celle de Cheribon et qui reçoit à gauche un gros affluent : le Djengkellok ; puis le Kaboe-joetan, le Babakan, le Pemali, la Gangsa, le Goeng, le Tjatjaban, le Ramboet, le

Waloeh, efin le Tji Omal. La province tout entière est irriguée ; les terrains situés
entre le Djengkellok, la Losarie et le Tandjoeng, affluent du Kaboejoetan, ceux que limitent la Gangsa et le Tjatjaban sont arrosés au moyen de travaux indigènes que l'on n'a pas encore perfectionnés ; dans la région comprise entre le Tjatjaban et le Tji Omal, on a apporté aux ouvrages javanais des améliorations nombreuses et l'on est en train d'opérer un remaniement important. Sur le Kaboejoetan, le Babakan et le Pemali on a exécuté de toutes pièces des systèmes complets.

Jusqu'à ces dernières années, la région Tjatjaban Tji Omal était divisée en deux zones distinctes.

Travaux du Pemali. — Barrage de Notok.

L'une était arrosée par le Ramboet et occupait la rive gauche de cette rivière ; la prise d'eau se trouvait à Tjipero, où existait, où existe encore un barrage indigène ; les rizières entre le Ramboet et le Tji Omal recevaient les eaux du Waloeh et nous avons vu plus haut (1), dans quelles circonstances on a construit en 1888, à Soengapan, un ouvrage en maçonnerie destiné à remplacer trois barrages indigènes.

La situation dans toute la région était loin cependant d'être satisfaisante ; le débit du Ramboet est insuffisant pour permettre une irrigation régulière, et il en est de même du Waloeh. On a cependant mis en communication

Travaux du Pemali. — Barrage de Notok.

(1) Page 7.

TRAVAUX DU PEMALI. — PROFILS EN TRAVERS DU CANAL PRINCIPAL

Echelle 1/800

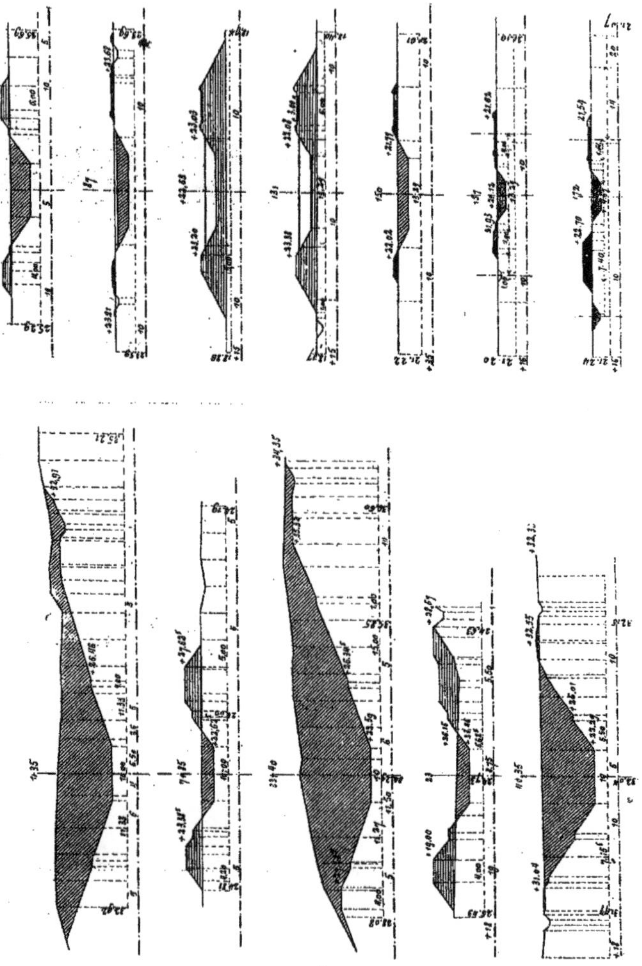

depuis longtemps le Waloeh et le Tji Omal au moyen de deux canaux qui empruntent les vallées de trois petits cours d'eau le Kali Tjoerek, le Kali Sambeng et le Kali Torong. Aux deux points où ces canaux se détachent du Tji Omal, il y a deux barrages en pierres sèches et l'on peut ainsi envoyer dans le Waloeh une certaine quantité d'eau.

D'autre part, les divers canaux issus de l'ouvrage de Soengapan servaient à la fois à l'irrigation et à l'évacuation des eaux en temps de pluie. Ils constituaient en réalité des émissaires qui se décomposaient eux-mêmes en une série de petits bras irréguliers, tour à tour ensablés et approfondis au moment des crues. Il en résultait des inondations fréquentes et parfois désastreuses. Dans toute la province, on a réussi au cours des dernières années à mettre le pays à l'abri des crues, en creusant et en élargissant le lit des fleuves, en pratiquant des coupures, en endiguant les rivières. Pour améliorer les irrigations dans la région Tjatjaban-Tji Omal, on a élaboré le projet suivant dont l'exécution vient d'être commencée. La zone irrigable est divisée en quatre domaines distincts dont les superficies sont respectivement de 8.190, 6.280, 2.170 et 9.800 hectares. Le premier s'étend sur la rive gauche du Ramboet ; le second est limité par le Ramboet et le bras principal du Waloeh ; le troisième et le quatrième sont bordés par le Tji Omal.

Le premier sera irrigué par le Ramboet, dans lequel on déversera une partie des eaux du Waloeh ; le second et le troisième seront arrosés par deux canaux issus du Waloeh, le quatrième, autrefois irrigué par le Waloeh, dépendra désormais du Tji Omal.

On ne modifiera pas les canaux et les barrages qui mettent en connexion le Tji Omal et le Waloeh, mais on construira :

1° Un barrage et une prise d'eau à Kedjène sur le Waloeh et un canal aboutissant au Ramboet par la vallée du Kali Poetjang (On augmente ainsi le débit du Ramboet en y déversant une partie des eaux du Waloeh) ;

2° Un ouvrage permanent sur le Ramboet à Tjipero, destiné à remplacer le barrage indigène ;

3° Un barrage et une prise d'eau à Sokawati, sur le Tji Omal ;

4° Quatre canaux d'amenée : canal du Ramboet, issu du Tjipero, canaux de Grogeh et Simangoe, issus de Soengapan, canal du Tji Omal, issu de Sokawati ;

5° Les canaux et les ouvrages de distribution nécessaires à l'irrigation de 26.460 hectares.

La planche ci-dessus montre la situation des ouvrages et les domaines qu'arrosent les canaux principaux.

**

Les systèmes du Kaboejoetan et du Babakan sont de peu d'importance ; ils n'irriguent à eux deux que 6.500 hectares. Le système du Pemali, beaucoup plus considérable, intéresse 32.000 hectares.

Le Pemali a un débit qui varie de 5 mètres cubes à 960 et qui pendant la saison des pluies, d'octobre à mai, est en moyenne de 50 mètres cubes. Le barrage situé à Notok, au débouché des montagnes, est en maçonnerie, il a 85 mètres de longueur, il s'appuie sur chaque rive à deux coffres en maçonnerie et, du côté gauche, une digue en terre, renforcée par des enrochements, ferme la vallée et s'étend jusqu'aux montagnes. Le barrage est à parement vertical ; le bassin de réception a une largeur de 10 mètres et une profondeur de 1 m. 50 au-dessous du radier qui se prolonge jusqu'à 9 m. 30 en aval, la retenue d'eau est de 4 m. 33. En temps de crue, les eaux s'élèvent, en amont à 3 m. 80 et en aval à 2 m. 50 au-dessus de la crête. Du côté droit, où se trouve la prise d'eau, on a ménagé trois pertuis de chasse, ayant chacun 1 m. 50 de largeur et pouvant débiter 30 mètres cubes. Le seuil des pertuis est à 1 m. 50 au-dessous des ouvertures de prise. La prise d'eau elle-même a sept ouvertures de 1 m. 80.

Le canal principal a un débit de 36 mc. 600 ; il a une longueur de 8 kil. 500, depuis l'origine jusqu'à l'ouvrage de Songgon.

Dans cette première partie, il a, au plafond, une largeur de 10 mètres et la profondeur de l'eau est de 3 m. 20 ; les terrassements assez considérables dépassent 1.600.000 mètres cubes et les plus forts déblais ont atteint 12 m. 60 en profondeur. Dans certaines parties, les talus sont inclinés à 2/3, mais dans d'autres, et dans des terrains argileux, sujets à des glissements, on a abaissé la pente jusqu'à 1/3. La vitesse de l'eau est en moyenne de 0 m. 75. Les eaux provenant des terrains avoisinants sont recueillies dans un fossé latéral situé sur la rive droite du canal et évacuées dans le Pemali, au moyen de siphons qui passent par dessous le canal.

On a combiné ces siphons avec des écluses de vidange, fermées d'ordinaire par des poutrelles et qui permettent de nettoyer le canal et d'enlever les alluvions qui s'y déposent.

A Songgom, le canal principal se divise en deux bras, l'un de ces bras, le plus important, et que l'on continue à nommer le canal du Pemali, traverse le fleuve sur un aqueduc métallique et irrigue les terrains de la rive gauche ; le second, celui de Brebes, arrose la rive droite. Le débit du canal de Pemali est de 24 m. c. 200 et il diminue, à mesure que s'en détachent des canaux secondaires, jusqu'à n'être plus que de 4 m. 860. La profondeur de l'eau est réduite à 2 mètres. Dans le voisinage du Pemali, le canal en effet est tout entier en remblai et une pression trop forte aurait pu entraîner des pertes ou des suintements dangereux. Du canal du Pemali se détachent des canaux secondaires qui se subdivisent eux-mêmes et irriguent, au moyen de rigoles tertiaires, 11 districts dont le plus important a une superficie de 8.600 hectares.

Le canal de Brebes débite seulement 12 m. c. 400, il suit le pied des montagnes et arrose par ses canaux secondaires 11 districts.

Tous les petits cours d'eau compris dans la région du Pemali, le Kloewoet, le Pakidjengan, le Limbangan et la Gangsa ont été élargis, normalisés et endigués dans

leur cours inférieur pour permettre une évacuation rapide des eaux pluviales
et l'on pratiquera en outre, un peu au nord de Brebes, une coupure allant du Pemali à la mer.

On décrira plus loin quelques-uns des ouvrages d'art établis sur les canaux dérivés
du Pemali.

CARTE DE TJI HEA

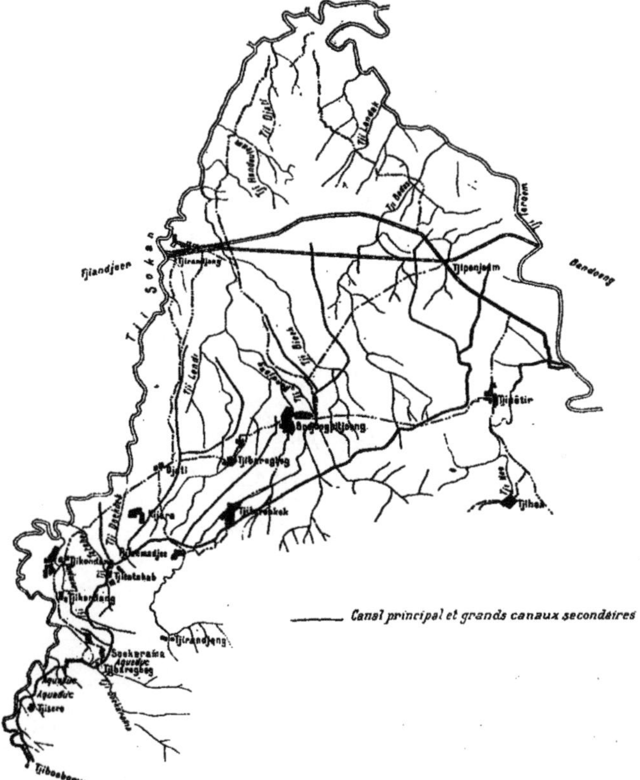

IRRIGATIONS DE TJI HEA

La plaine de Tji Hea est située dans la province des Préangers. Elle est limitée par deux cours d'eau importants, le Tji Taroem et son affluent le Tji Sokan ; elle a la forme d'un triangle qui a environ 12 kilomètres de base et 10 de hauteur. L'altitude

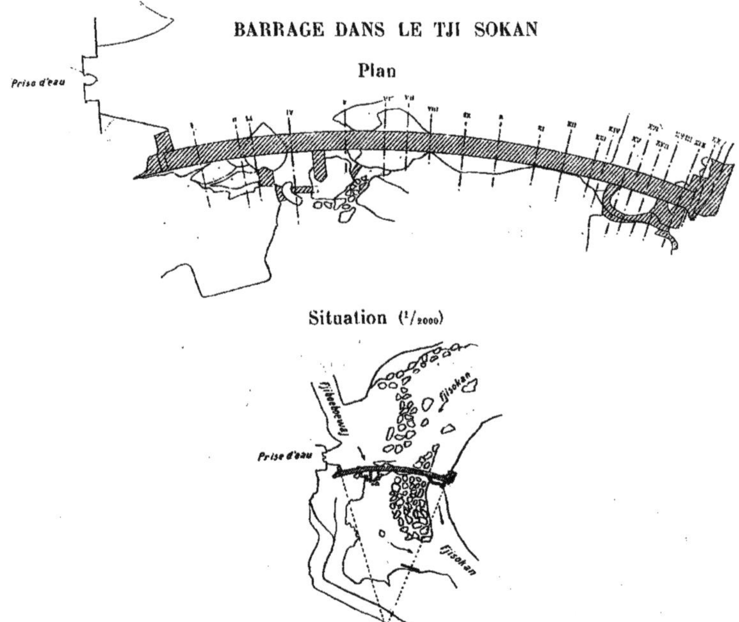

des terrains irrigables varie de 240 à 400 mètres. La pente générale est dirigée du nord au sud ; très faible dans la partie centrale, elle s'accentue vers le sud où se dressent des collines boisées et dans le voisinage des torrents. La plaine est sillonnée

par de nombreux ruisseaux ; ce sont : successivement le Tji Soekarama, le Tji Loemping, le Tji Talahab, le Tji Randjang, le Tji Lendi, le Tji Barenkok, le Tji Bioek, le Tji
Bodas, le Tji Hea.

Ces cours d'eau divisent les terrains en bandes longues et étroites, limitées par
des thalwegs et chacune forme le domaine d'un canal secondaire ou tertiaire d'irrigation. Le Tji Taroem et le Tji Sokan sont sujets à des crues violentes : dans le Tji
Sokan, le débit s'abaisse parfois à 4 mètres cubes et s'élève jusqu'à 2.000. En
moyenne, il est, pendant la saison sèche, de 7 à 8. Le Tji Taroem roule parfois jusqu'à 10.000 mètres cubes ; mais le lit des deux fleuves est très profondément
encaissé et l'on n'a point à redouter les inondations. Le drainage du sol est parfait, l'on
n'a donc à se préoccuper que des irrigations.

Le terrain est argileux ; parfois l'argile, fortement colorée par de l'oxyde de fer,
est aussi mélangée de sable et contient des galets roulés ; ailleurs, au contraire, elle
est assez pure, très dure en été, grasse et savonneuse après les pluies. Les remblais
tiennent parfaitement dans le premier cas ; dans le second, au contraire, il se
produit des glissements fréquents et l'on doit donner aux talus des pentes très
faibles.

On rencontre d'ordinaire, à une faible profondeur, des conglomérats, qui forment des couches d'épaisseurs variables, disposées horizontalement, et que les Malais
nomment Tjadas ou padas. Ces terrains, analogues à ceux que l'on désigne en Indo-
Chine sous le nom de Bien Hoa, offrent une consistance suffisante pour y asseoir en
toute sécurité les fondations des ouvrages d'art. La superficie de la plaine est d'environ 7.850 hectares dont 5.950 irrigables. Les parties hautes du terrain et les petites
éminences qui se dressent de place en place sont occupées par les villages et par les
jardins de café. La culture du riz est impossible dans cette région *pendant la saison
sèche* et 3.500 hectares seulement sont défrichés ; le reste appartient au gouvernement qui le donne en concession aux indigènes, à l'exclusion des Européens et des
Chinois, au fur et à mesure de l'exécution des travaux d'irrigation.

Les travaux de Tji Hea ont été conçus et exécutés tout entiers par le Service des
Travaux Publics ; il n'existait dans la région aucun ouvrage indigène de quelque
importance, sauf toutefois quelques rigoles dérivées des ruisseaux secondaires. Les
eaux ont été empruntées au Tji Sokan et on a dû établir le barrage et la prise d'eau,
à 4.500 mètres en amont des terrains irrigables, en un point où la vallée est déjà
fort étroite et bordée par des hauteurs boisées, à pentes très raides. Le choix de ce
point était imposé par l'altitude générale de la plaine, qui, dans sa partie cultivée,
est, en moyenne, à 25 mètres au-dessus du fossé profond où coule la rivière. Le
barrage est fort simple ; il est placé immédiatement en aval de l'embouchure d'un
torrent, qui, même pendant la saison sèche, amène au fleuve un volume d'eau important ; il existait déjà, en cet endroit, un seuil naturel de rochers qu'il a suffi de régu-
lariser et d'exhausser. La prise d'eau présente 2 ouvertures de 1 m. 50, commandées
par des vannes. Le canal principal a été calculé pour un débit de 8 mètres cubes,

mais les berges sont partout assez hautes pour que l'on puisse distribuer 10 à 12 mètres cubes.

PROFILS EN TRAVERS. — BARRAGE DU TJI SOKAN

Echelle ¹/₂₀₀

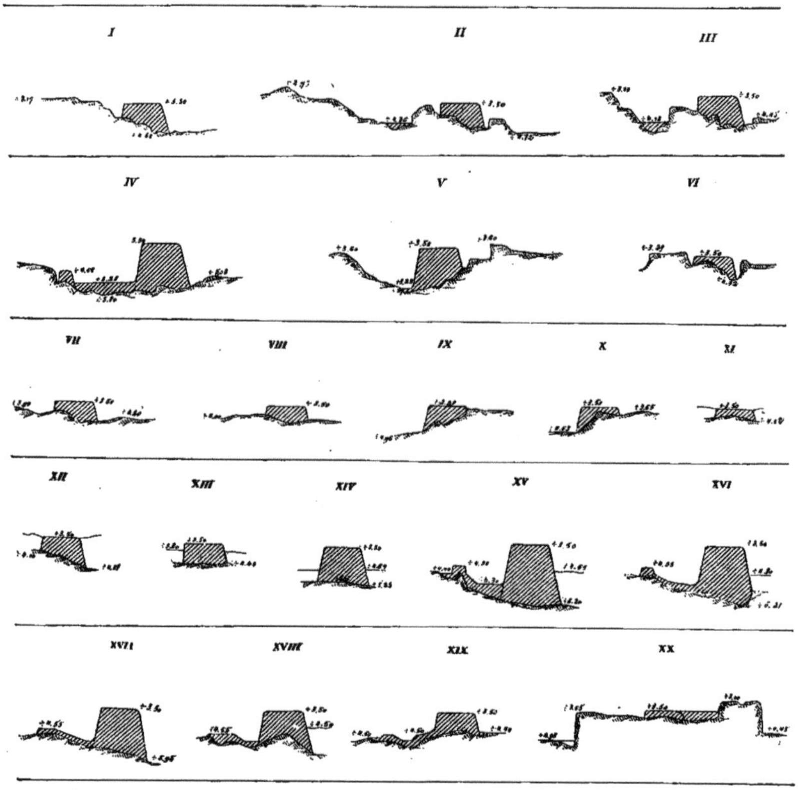

Ce canal a un profil fort intéressant. Dans la première section, il y a trois tunnels
dont la longueur est respectivement de 404, 405 et 126 mètres. Primitivement, le

premier tunnel était divisé en deux tronçons par une partie à ciel ouvert, que l'on a dû recouvrir, parce que les éboulements l'avaient, à plusieurs reprises, comblé ; le canal a, dans les tunnels, une largeur au plafond de 2 m. 50 et une hauteur sous clé de 2 m. 10. L'un des souterrains est à peu de distance de la rivière et le percement a été facilité par l'établissement de galeries latérales de faible longueur. Les parois et la voûte sont maçonnées, mais au début, on avait jugé inutile de protéger le fond ; on a constaté au bout de peu de temps un approfondissement variant de 30 à 70 centimètres ; on s'est contenté toutefois, pour éviter de faire un radier complet, de construire de 10 mètres en 10 mètres des seuils en maçonnerie de 60 centimètres de largeur. La vitesse de l'eau est, dans les tunnels, de 2 m. 50 ; dans les terrains argileux elle s'abaisse à 60 centimètres ; dans le padas, elle est de 1 mètre ; en moyenne, elle est de 0 m. 70, ce qui correspond à une pente de 0 m. 33 par kilomètre.

Le canal principal a une longueur de 17 kilomètres et la différence d'altitude entre ces deux extrémités est de 63 mètres. Il a donc fallu établir un grand nombre de biefs séparés par des chutes. Ces chutes sont au nombre de 32, et leur hauteur varie de 0 m. 80 à 2 mètres. Elles sont constituées d'ordinaire par un petit barrage en maçonnerie, présentant une ouverture rectangulaire que l'on ferme, en totalité ou en partie, au moyen de poutrelles. Immédiatement en amont de ces barrages s'ouvrent généralement les orifices de distribution des canaux secondaires et tertiaires. On a cherché cependant à éviter en certains points l'accumulation de ces petits barrages ; on y est parvenu en conduisant les eaux dans des caniveaux maçonnés à forte pente ; un de ces caniveaux a une longueur de 300 mètres et la différence de niveau à ses deux extrémités est de 16 mètres.

Le canal principal suit la base des montagnes et coupe normalement les ruisseaux qui en descendent. Il traverse les plus importants au moyen d'aqueducs, les autres passent en siphons par dessous le canal ; on rencontre ainsi successivement les aqueducs du Tji Sero, du Tji Koeda, du Tji Soekarama, du Tji Randjang, du Tji Tapen, les siphons du Tji Sensenpan, du Tji Loemping, du Tji Talahab, du Tji Doekoeh, du Tji Baregbeg, du Tji Loentjat, du Tji Barengkok, etc., le canal lui-même passe en siphon sous le Tji Pangawaren, au kilomètre 14.

Du canal principal se détachent des canaux secondaires qui présentent également un profil très accidenté. On s'est efforcé cependant d'éviter autant que possible les ouvrages d'art. On y est parvenu pour le canal L₃ de la façon suivante : le canal a son origine immédiatement en amont du siphon du Tji Barengkok et il vient aboutir presque immédiatement à ce torrent dans lequel il se déverse ; il en emprunte le lit. jusqu'à son confluent avec le Tji Randjang, dans lequel il continue à couler jusqu'au village de Bodjon Piljoeng.

En ce point, on a établi un barrage de 14 mètres de longueur et une prise d'eau d'où se détache de nouveau le canal. Il se bifurque ensuite en deux bras dont l'un passe le Tji Bioek en aqueduc et irrigue ainsi les terrains situés entre le Tji Randjang et le Tji Bodas. On a évité ainsi la construction de 26 petits barrages.

Comme le canal principal reçoit directement plusieurs petits ruisseaux, on a ménagé des déversoirs de surface et en outre, un certain nombre d'écluses de vidange, qui aboutissent au Tji Sokan ou à ses affluents. L'une de ces écluses, la plus importante, est située à l'entrée du troisième tunnel, qui peut être fermée au moyen de poutrelles. On peut ainsi mettre complètement à sec la première section du canal.

Malgré la faible étendue de la plaine irriguée les travaux de Tji Hea comptent parmi les plus intéressants de Java, par le nombre et la diversité des ouvrages d'art et aussi par les bénéfices réalisables, par la surperficie relative des terrains conquis. pour la culture.

ÉLÉMENTS D'UN SYSTÈME D'IRRIGATION. — MODE DE CONSTRUCTION. TYPES D'OUVRAGES

Nous venons de voir rapidement comment on a, par des méthodes diverses, résolu dans quelques districts de Java, le problème difficile de l'aménagement des eaux. Dans la région de Demak, dans le delta de Sidhardjo, dans la vallée du Solo, les travaux ont été entrepris sans plan d'ensemble, améliorés peu à peu ; on les a adaptés aux circonstances à mesure que celles-ci se produisaient. Leur construction a exigé un temps énorme ; ils ont été entrepris depuis un demi-siècle et ne sont point encore achevés ; toute modification est délicate et coûteuse, parce qu'elle doit être entreprise sans apporter à la culture une gêne momentanée, parce qu'on hésite à sacrifier des ouvrages hâtivement construits et qui ne répondent pas entièrement au but que l'on s'était proposé. Il est difficile de connaître les dépenses exactes engagées depuis tant d'années. En ce qui concerne le delta de Sidhoardjo, on n'en a aucune idée même approximative, car en dehors des crédits alloués par fractions successives, il faut tenir compte des corvées employées. Les travaux de Demak sont évalués à 10 millions de florins, soit 618 francs par hectare irrigué ; ceux du Solo coûteront plus de 80 millions, soit 510 à 520 francs par hectare. Les systèmes modernes, entrepris avec méthode à la suite d'études complètes, ont été au contraire exécutés rapidement et avec des frais infiniment moindres. Les travaux du Pemali, commencés en 1894, seront achevés cette année. Ils auront coûté 2.100.000 florins, soit 136 francs par hectare. Les dépenses unitaires pour un certain nombre de systèmes réguliers sont données dans le tableau suivant :

Travaux de Tjihea	331	francs par hectare	
Travaux du Babakan et du Kabaejoetan	180	»	»
Travaux du Pemali	136	»	»
Travaux du Progo et de l'Ello	319	»	»
Travaux du Kali Kening	254	»	»

Travaux du Pategoean .... 268 francs par hectare
Travaux du Molek 237   »   »
Travaux du Pekalen.................... . .. 325   »   »
Travaux du Sampean 182   »   »
Travaux du Tjomal-Tjatjaban............... 158   »   »
Moyenne (prix estimé)..................... 239   »   »

Si de tels exemples étaient nécessaires, l'étude des irrigations de Java montrerait
le danger des solutions provisoires, des ouvrages rustiques que l'on préconise souvent par mesure d'économie. Les travaux entrepris depuis 1850 jusqu'en 1885 ont
été, pour les ingénieurs hollandais, une école féconde en enseignements dont nous
pouvons à notre tour profiter.

L'aménagement des eaux, nous l'avons vu, est à la fois un problème de défense et
d'utilisation.

On se protège contre les crues par des digues d'un tracé régulier et qui laissent
aux fleuves un lit majeur de section suffisante et constamment proportionné au débit.
Au Tonkin, les digues du Fleuve Rouge, au contraire, par leurs zigzags capricieux,
par les élargissements et les étranglements brusques qu'elles déterminent, provoquent des variations notables dans la hauteur des crues, des ruptures et des désastres fréquents.

Les eaux pluviales sont drainées rapidement au moyen de canaux qui les conduisent directement soit à la mer, soit dans les grands fleuves ; souvent pour abaisser
le niveau des crues on pratique également des coupures de grande section qui servent
de décharge au lit principal d'un fleuve : telle la coupure de Losarie, dans la province de Tegal, celle de Gambiran, sur le Porrong, celle de la rivière de Samarang,
celles du Tji Liwong creusées pour protéger la ville de Batavia.

On utilise les eaux pour la navigation et pour les irrigations. On a cherché tout
d'abord à traiter séparément les deux problèmes. La solution adoptée sur la rivière
de Soerabaja en est un exemple ; on s'est efforcé de conserver assez d'eau dans la
rivière pour la batellerie, on n'en emploie que l'excédent pour arroser les rizières. Il
semble que l'on veuille désormais procéder différemment : les travaux en rivière sont
coûteux et incertains, et la navigation exige une quantité d'eau considérable, pré-
cieuse pour les cultures et que l'on déverse dans la mer, sans utilité. Dans la région
de Demak, dans celle du Solo comme dans celle du Brantas, on aménage les canaux
d'irrigation de manière qu'ils puissent servir également à la navigation ; en les divi-
sant en biefs par barrages éclusés on arrive à réduire au minimum les dépenses
d'eau qu'exige la batellerie et dont ne bénéficie point l'agriculture.

*
* *

Un système d'irrigation à Java comporte :
1° Un barrage déversoir et une prise d'eau sur la rivière dont on capte les eaux ;

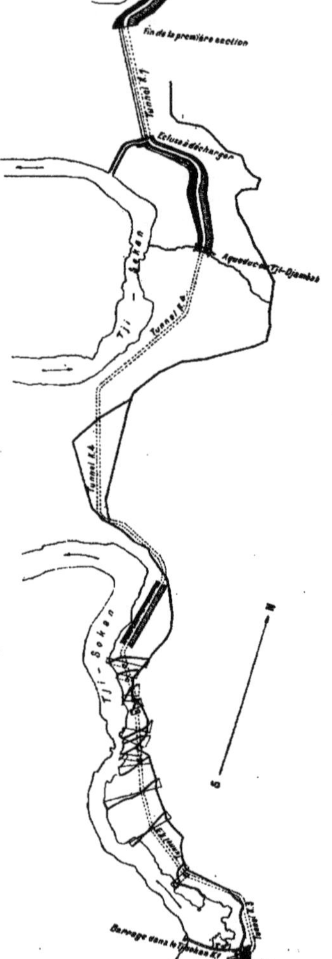

L'IRRIGATION DE LA PLAINE DE TJI HEA
Tracé de la première section du Canal principal. — Echelle 1/4000

2° Un canal principal d'amenée ;

3° Des canaux secondaires ;

4° Des rigoles tertiaires de distribution conduisant l'eau directement dans les rizières.

Barrages et prises d'eau. — Les barrages déversoirs en maçonnerie sont de deux types : les uns sont en glacis, les autres sont à paroi d'aval verticale.

Barrages en glacis. — Les premiers ont été employés principalement dans les basses vallées, en terrain d'alluvion : tels ceux de Glapan et de Sedadi, sur le Toentang et le Serang. Chacun d'eux a été établi dans une coupure et construit à sec dans l'isthme que formait une boucle de la rivière. Le barrage de Glapan est constitué par 10 murs en maçonnerie perpendiculaires à l'axe de la rivière et situés à environ 7 mètres de distance d'axe en axe ; les murs reposent sur des pilotis par l'intermédiaire d'une plate-forme en charpente. Entre les murs la terre a été pilonnée et supporte directement le radier en maçonnerie. La longueur du glacis est de 63 mètres et la pente moyenne d'environ 1/20. Dans l'axe on a ménagé un chenal pour le flottage des bois. Des murs de quai s'étendent en aval jusqu'au pied du glacis et, en amont, sur une longueur de 125 mètres ; les deux prises d'eau se trouvent à une distance de plus de 100 mètres de la crête du barrage et un peu en retrait sur les bords de la coupure.

On espérait ainsi éviter les ensa-

blements en avant des ouvertures de prise ; il n'en a rien été. Le barrage de Glapan
a subi de graves dégâts ; il s'est produit en aval et au pied des affouillements consi-
dérables. On a dû prolonger le glacis sur une longueur de 59 mètres, si bien que la longueur totale est de 122 mètres à partir de la crête du barrage ; la pente est de 3,3 0/0. On a dû relever le profil sur toute la partie déjà achevée ; on a construit, à cet effet, des murettes en maçonnerie reposant sur le radier et déterminant des casiers que l'on a remplis avec des pierres sèches. En aval on a retaillé les berges en gradins et on les a proté-

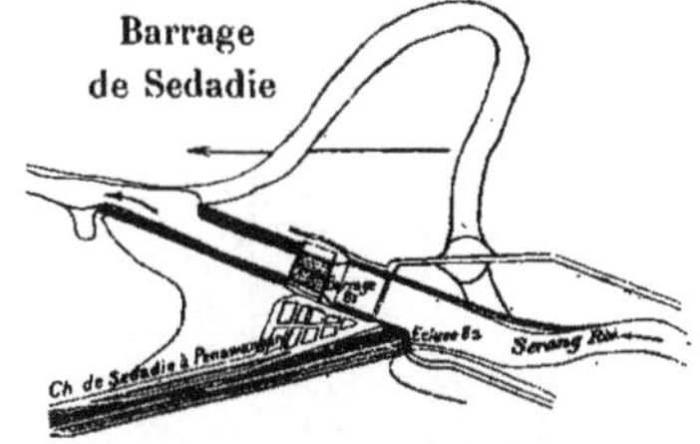

gées, à la partie inférieure, par des murs de revêtement en pierres sèches maintenus par des lignes de pieux.

Le barrage de Sedadi présente la même disposition générale que celui de Glapan.
Il est constitué par six massifs en maçonnerie parallèles, fondés sur pilotis, et sur lesquels repose le corps du barrage au moyen de voûtes. Au pied du barrage s'é-tend encore un radier de 80 mè-tres de longueur formé de moel-lons bruts maintenus par des murs en maçonnerie qui déterminent, comme dans le barrage de Gla-pan, une série de casiers.

Le barrage de Ngloewak sur le Solo sera plus important que les deux précédents. Il doit être constitué par un massif en maçon-nerie de moellons de 210 m. 50 de longueur et de 10 mètres d'é-paisseur, reposant sur de l'argile compacte. Les fondations seront

Travaux du Waloch. — Barrage de Soengapan

faites à sec dans une coupure. Le glacis du barrage sera prolongé par un radier
maçonné, renforcé par des murs transversaux. On ménagera sur la rive droite deux
pertuis de chasse. Enfin, on espère éviter les affouillements du pied de l'ouvrage
par le profil donné au fond de la coupure, en maintenant, en toute saison, à l'aval,
un matelas d'eau de 6 mètres de profondeur (1).

(1) Le barrage et la prise d'eau de Ngloewak coûteront 1.675.000 florins (3.515.000 francs).

Barrages à parement vertical. — Les barrages du Pemali, du Pekalen, du Waloeh, du Progo, du Kaboejoetan, établis en terrain résistant au débouché des montagnes sont à paroi d'aval verticale. Nous avons dit quelques mots déjà du barrage de Notok sur le Pemali. L'ouvrage a été construit à sec, en été, en deux campagnes. On a exécuté tout d'abord la partie droite, avec les pertuis de chasse, la prise d'eau et environ 50 mètres du canal principal que l'on a provisoirement relié à la rivière en aval du barrage par une coupure. Pendant la seconde campagne, les eaux du Pemali ont été

Travaux du Waloch.— Ouvrage de Soengapan et Canal de Srengseng

évacuées par les ouvertures de prise et la coupure provisoire et le barrage a été achevé à sec. Il repose directement sur des conglomérats très résistants. La partie inférieure est en béton, le reste en maçonnerie de moellons (1). On n'a employé le ciment de Portland que pour les revêtements et pour les parties qui sont directement en contact avec l'eau. Pour toutes les autres parties, on s'est servi de mortiers bâtards. On fait usage à cet effet de pouzzolanes naturelles ou artificielles. Les premières sont des tufs volcaniques provenant de la province de Japara ; les secondes, dont l'emploi est beaucoup plus répandu, sont obtenues par la cuisson de boules d'argile de petites dimensions ; on tâche de réaliser une cuisson régulière et de ne pas la pousser trop loin ; les pouzzolanes sont

Travaux du Waloch.— Canal de Simangoe

pulvérisées en poudre très fine, que l'on appelle couramment du *ciment rouge*. Sur

(1) Le barrage et la prise d'eau ont coûté 190.000 florins (400.000 francs).

les chantiers du Solo on a construit des fours continus pour la préparation de ces produits et on a fait des essais nombreux par comparaison avec les pouzzolanes naturelles et avec du ciment de Portland. Un mortier composé de 3 parties de chaux, 6 de sable, 4 de ciment rouge, donnait, après 27 jours d'immersion, une résistance à la traction de 10 kil. 80 par centimètre carré, au bout de 100 jours une résistance de 15 kil. 45. En employant de la chaux éteinte à grande eau, on a obtenu des résistances de 14 kil. 95 et 20 kil. 55. En remplaçant le ciment rouge par des tufs volcaniques, la résistance s'élevait, dans les mêmes conditions, à 17 kil. 11 et 23 kil. 45.

Travaux du Waloch. — Canal de Grogoh

Des essais analogues faits avec des mortiers composés de 1 de ciment de Portland, 3 de sable et 10 0/0 d'eau ont donné des résultats très différents, suivant la marque des ciments et la date de fabrication. On a obtenu, au bout de 27 jours, des résistances à la traction variant de 11 kilos à 22.

Aussi, le ciment rouge est-il employé couramment aux Indes néerlandaises depuis plus de cinquante ans, et les ingénieurs, comme les officiers du génie, manifestent à l'égard de ce produit une entière confiance que l'expérience n'a point démentie. Son emploi permet de réaliser, du reste, des économies très importantes. Le mètre cube de ciment rouge coûte 7 à 8 francs. Dans la

Travaux de Buitenzorg. — Prise d'eau du Canal de l'Ouest
(Tji Sedani)

construction du barrage de Notok on faisait usage d'un mortier formé de 1 de chaux,

6

1 de ciment rouge et 1 de sable, et le prix du mètre cube de maçonnerie de moellons ne dépassait pas 16 francs. En employant le ciment de Portland, la dépense atteignait 46 à 48 fr.

Travaux de Buitenzorg. — Barrage du Tji Seduni.

Barrages mobiles. — Les barrages mobiles sont assez rares à Java. Les crues sont extrêmement rapides et violentes et l'on ne pouvait, jusqu'à ces dernières années, compter sur l'ouverture des barrages en temps opportun. On ne les a employés que dans la partie inférieure des rivières, ou sur des fleuves dont le régime est relativement assez régulier : tels le barrage de Karang Anjar sur le Serang, celui de Leng Kong sur le Brantas, ceux de Goebeng et de Goenoeng Sari sur la rivière de Soerabaja. Nous avons déjà décrit rapidement ces ouvrages. Celui de Leng Kong est à poutrelles, les autres sont à aiguilles. Les fondations sont faites sur pilotis. Au barrage de Goebeng ceux-ci ont une longueur de 14 mètres. On a supprimé tout grillage en charpente pour relier la tête des pieux. Le massif de la fondation est enfermé dans une enceinte de pieux jointifs ; l'ouvrage repose sur une couche de sable mouillé de 1 m. 50 d'épaisseur, sur laquelle on a coulé, à sec, une table de béton de même épaisseur. Le radier des pertuis de chasse a été renforcé au moyen de fers à T. En aval on a constitué des enrochements qui d'ailleurs, sont l'objet de réparations fréquentes (1).

Travaux du Solo. — Four à cuire le ciment rouge.

(1) L'ouvrage a coûté 500.000 florins (1.050.000 francs).

Les prises d'eau sont toutes du même type. On dispose généralement un grand nombre d'ouvertures dont les vannes, même au moment des crues, se manœuvrent à la main, au moyen de simples mécanismes à vis. Les ouvertures ont 2 m. 90 de largeur à Glapan, 2 m. 15 à Sedadi, 3 mètres à Leng Kong, 1 m. 80 à Notok. La martelière de prise du canal de Pekalen a huit ouvertures de 1 m. 50 seulement de largeur. La prise d'eau de Ngloewak sur le Solo aura cependant des ouvertures de 5 m. 60. Dans certains ouvrages, à Sedadi par exemple, les vannes sont doubles, mais d'ordinaire on ménage simplement le long des murs latéraux qui limitent chaque ouverture des rainures

Travaux de Demak. — Canal du Serang. —Barrage à aiguilles et écluse.

qui permettent de fermer la prise d'eau au moyen de poutrelles. On s'est efforcé, dans chaque cas, de protéger le seuil des ouvertures contre les ensablements. Sur le Serang et sur le Toentang, on a tâché d'obtenir ce résultat en reportant la prise d'eau à une assez grande distance en amont ; ce procédé n'a que médiocrement réussi. Dans tous les autres ouvrages, le canal principal se détache de la rivière, immédiatement en amont du barrage. On ménage du côté de la prise d'eau des pertuis de chasse dont le fond est maintenu à 1 m. 50 ou 1 m. 80 au-dessous du seuil des ouvertures de prise ; lorsqu'il y a des prises d'eau sur chaque rive, il y a également des pertuis de chasse à chaque extrémité du barrage.

Travaux de Demak. — Barrage à aiguilles sur le canal du Toentang et prise d'eau de canaux tertiaires.

Lorsque la rivière roule des galets d'une certaine grosseur, ce dispositif ne suffit pas : sur le Pikaten, petit affluent du Brantas, le barrage, long de 20 mètres, s'appuie,

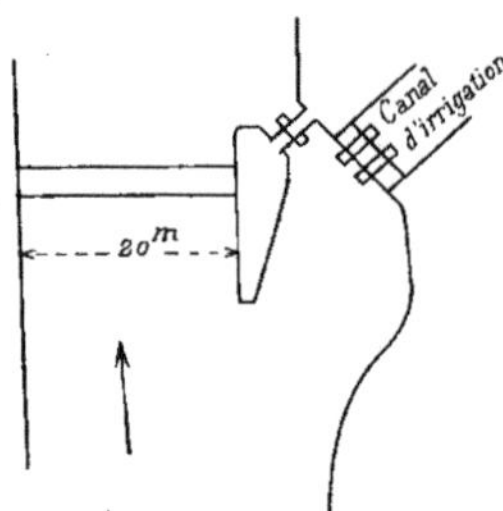

d'une part, à la rive gauche, de l'autre à un massif en maçonnerie qui se prolonge vers l'amont en se rétrécissant ; on détermine ainsi une sorte d'entonnoir dont le pertuis de chasse forme le fond, le massif de maçonnerie et la prise d'eau, les deux côtés.

Lorsque la navigation est assez active, soit sur la rivière, soit sur le canal principal, des écluses sont accolées soit au barrage, soit à la prise d'eau. A Goebeng et Goenoeng Sari, les écluses sont doubles et chacune d'elles est munie d'aqueducs de remplissage et de vidange. A Ngloewak une seule écluse, de même longueur que celle de Goebeng, sera construite à l'extrémité amont de la prise d'eau. A Leng Kong, nous l'avons vu, l'écluse de navigation qui conduit à la rivière de Soerabaja a été établie à Melirip à une assez grande distance en amont.

Canaux principaux et canaux secondaires. — Le canal principal forme, dans tous les systèmes de Java, la limite supérieure des terrains irrigués. En d'autres

CANAUX SECONDAIRES. — PROFILS

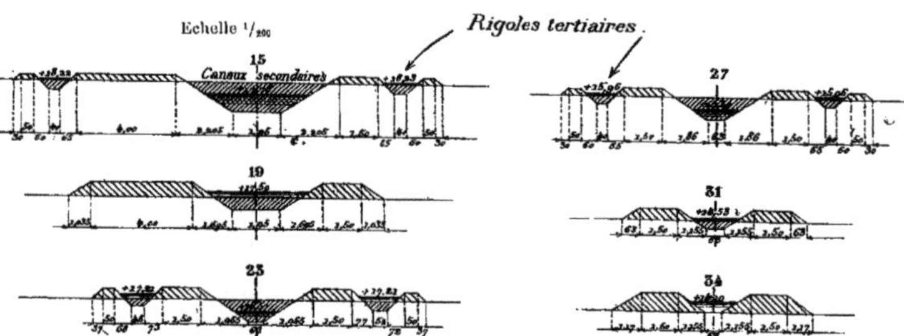

termes, la distribution de l'eau se fait uniquement par gravité ; on n'a cherché nulle part, au moyen de machines élévatoires et en utilisant les chutes naturelles sur les cours d'eau ou les chutes artificielles ménagées sur les canaux, à arroser les terres situées au-dessus du canal principal (1).

(1) En Italie, au contraire, on a souvent cherché à étendre l'action d'un système d'irrigation ; les stations de pompes du canal Peretti, du canal Lanza, du canal d'Ivrée ont été créées dans ce but.

Déversoir K 67

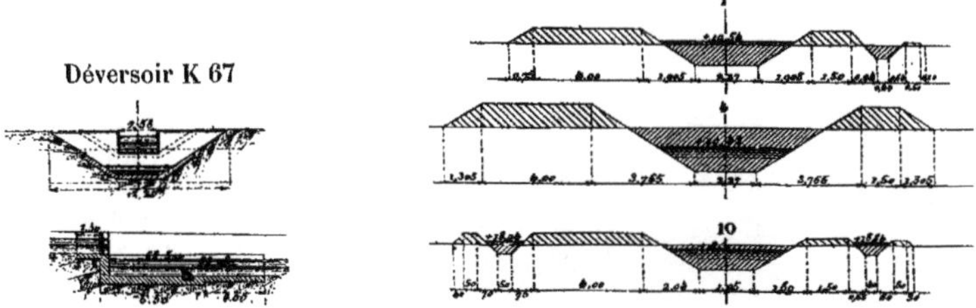

DISPOSITIF DE PROTECTION DES BERGES EN AVAL D'UN BARRAGE

Ouvrage K₂₁

(Canal principal)

Echelle ¹/₄₀₀

Coupe longitudinale

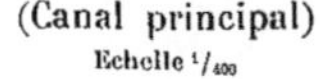

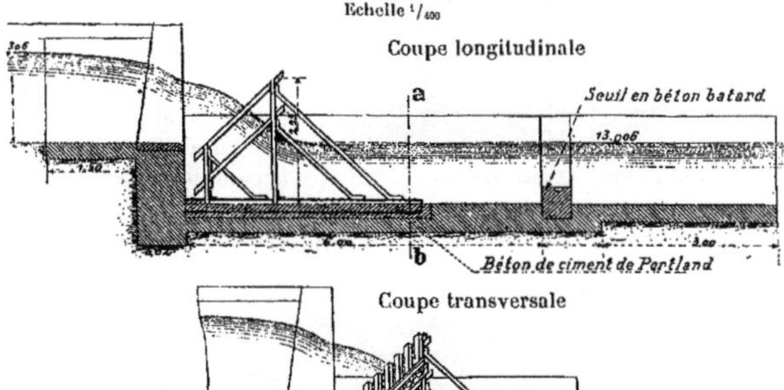

Coupe transversale

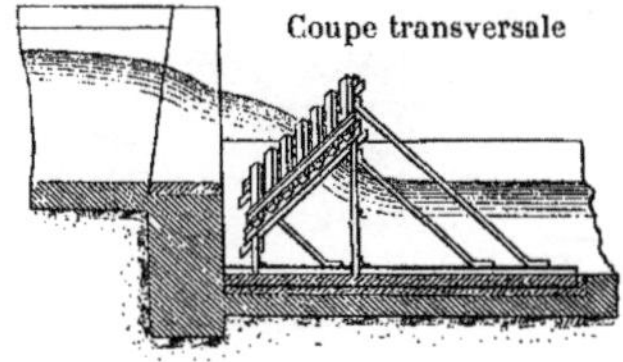

Plan	Vue en dessus	Coupe a b

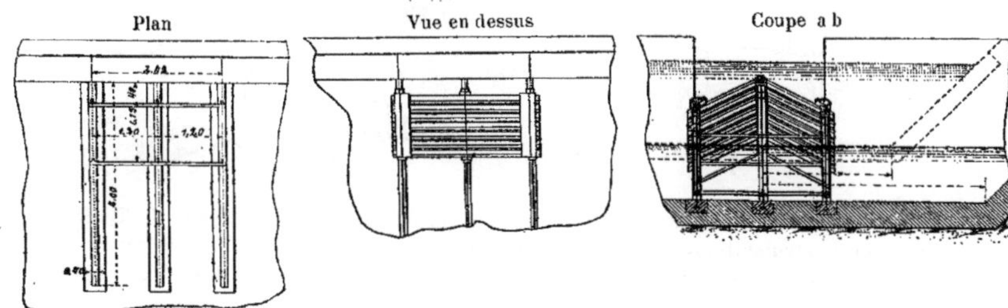

La pente des canaux (canal principal et canaux secondaires) est toujours très faible ; on n'admet qu'exceptionnellement des vitesses supérieures à 0 m. 70 ; on ne saurait, en effet, les dépasser dans la plupart des terrains sans provoquer des érosions ; il importe, d'autre part, de ne point se tenir trop au-dessus, de façon à pouvoir entraîner jusque dans les rizières les limons fertilisants et empêcher l'envasement rapide des canaux. La différence de niveau entre l'origine et la fin d'un canal ne peut donc être rachetée que par une série de chutes. Sur le canal du Progo, il n'y en a pas moins de 36 dont les hauteurs varient de 0 m. 34 à 2 m. 80 ; sur le canal principal de Tji Hea il y en a 32. Souvent, elles sont accumulées dans un très petit espace ; sur l'un des canaux secondaires du Pategoean il y en a ainsi 26 qui forment un véritable escalier de

Travaux de Tji Héa. — Canal principal.

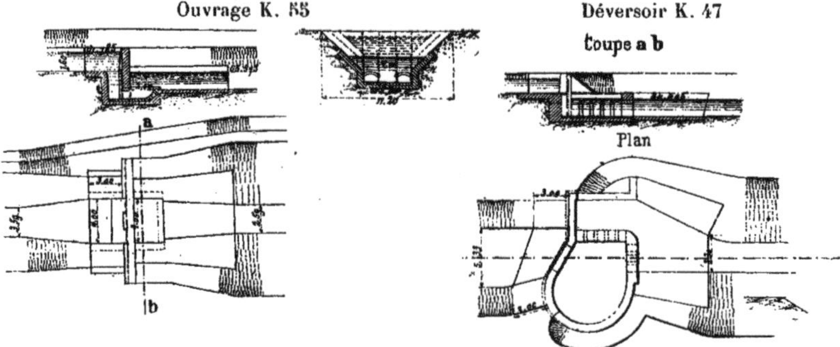

Ouvrage K. 55

Déversoir K. 47

Coupe a b

Plan

15 m. 80 de hauteur. Nous avons vu, dans la description des travaux de Tji Hea, que l'on construisait quelquefois des caniveaux maçonnés. Le profil de ces caniveaux est un segment circulaire correspondant à un arc de cercle de 90°. D'ordinaire,

cependant, chaque chute est provoquée par un petit barrage constitué par un simple mur vertical présentant dans l'axe une échancrure en forme de rectangle ou de trapèze que l'on peut fermer au moyen de poutrelles. L'eau retombe dans un bassin de réception que prolonge sur une certaine longueur, variable avec la hauteur de chute, un radier maçonné. Les berges du canal sont protégées par un perré. Ceci ne suffit point du reste, à moins de prolonger ce revêtement sur une assez grande longueur, et les remous produisent des dégradations fréquentes et dispendieuses. On a parfois cherché à briser la vitesse de l'eau, en plantant simplement une ou plusieurs lignes de piquets normalement à la direction du courant. Cette disposition est fréquente sur les canaux de Demak. Sur les canaux de la plaine de Tji Hea, on a placé, immédiatement au-dessous de la chute, des écrans en charpente, formant deux plans inclinés qui se coupent suivant une ligne oblique située dans le plan vertical qui contient l'axe du canal. Dans ces derniers temps, on a préféré construire, lorsque la hauteur de chute était assez importante, de véritables petits ouvrages.

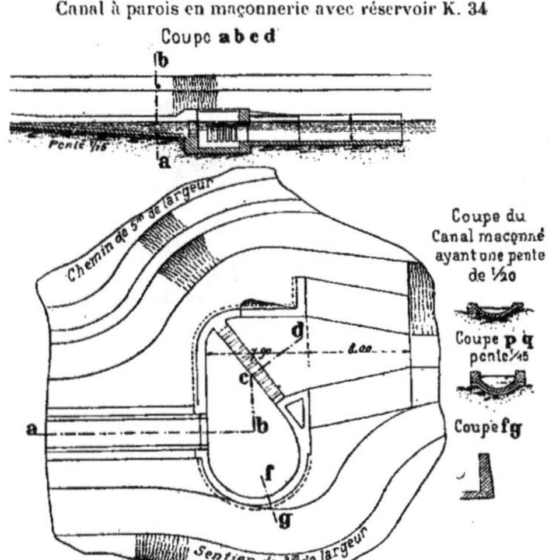

TRAVAUX DE TJI HÉA

Canal à parois en maçonnerie avec réservoir K. 34

Dans l'ouvrage K 55 (1), l'eau tombe dans un petit bassin que ferme un mur perpendiculaire au canal et percé d'une ouverture voûtée à sa partie inférieure ; si la vitesse de l'eau n'est point diminuée, les remous sont cependant beaucoup moins violents.

Dans l'ouvrage K 47 (2), le barrage est oblique par rapport à l'axe du canal et l'eau est reçue dans un bassin fermé d'où elle sort par des ouvertures latérales voûtées. On emploie un dispositif analogue à l'extrémité des caniveaux maçonnés. Les

(1) Travaux de Tji Hea.
(2) Travaux de Tji Hea.

bassins de réception ont une profondeur assez grande ; en plan ils offrent une partie circulaire directement opposée à la chute, où l'eau tourbillonne et perd la plus grande partie de sa vitesse, avant de s'échapper par les ouvertures ménagées du côté opposé.

Quelquefois, les barrages construits sur les canaux sont mobiles. Il en est ainsi dans l'arrondissement de Demak, sur le Serang Canal et le Prauwaark Canal. Ce sont,

AQUEDUC DE TJI-SŒKARAMA

Echelle ¹/₄₀₀

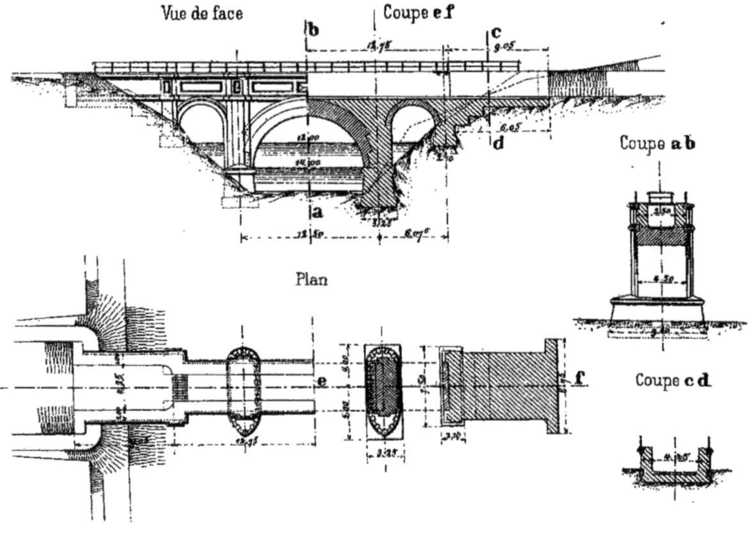

dans ce cas, des barrages à aiguilles. Comme les deux canaux servent à la navigation, des écluses sont accolées aux barrages. Ces écluses, appropriées à la batellerie locale, ont une longueur totale de 22 mètres, une longueur utile de 15 mètres, une largeur de 3 m. 25 entre les bajoyers ; les portes sont munies de ventelles. Sur le canal principal du Solo, à chacun des barrages, correspondra une écluse.

C'est en amont des barrages que se détachent les canaux secondaires et tertiaires. Les canaux secondaires correspondent à des domaines plus ou moins étendus, mais nettement limités d'ordinaire en haut par le canal principal, en bas par le cours d'eau dont on emprunte les eaux, de part et d'autre par les thalwegs de deux de ses affluents. Les prises d'eau diffèrent suivant le débit. Ce sont parfois des ouvrages importants. Le canal de connexion $t_1 s_1$ dans le système de Demak, est alimenté par trois ouvertures de 1 mètre de largeur fermées par des vannes. Le plus souvent, cependant, le dispositif est fort simple ; les canaux secondaires se détachent d'ordinaire du canal principal en un point où celui-ci est partiellement en remblai ; ils s'en séparent par un conduit en maçonnerie, souvent une simple buse, aboutissant à un bassin de réception de faible dimension pour amortir la vitesse de l'eau, et l'orifice d'entrée est commandé par une vanne.

Le canal principal coupe normalement les affluents de la rivière d'où il est issu, ou les cours d'eau secondaires. Il présente en ces points des aqueducs ou des siphons.

Les aqueducs de longueur moyenne ou petite sont d'ordinaire en maçonnerie. L'aqueduc du Tji Soekarama, dans la plaine de Tji Hea, en est un exemple. Il a une longueur totale de 25 m. 50 et le bac a 2 m. 50 de largeur. Il est porté par trois arches en plein cintre, construites en briques et dont la portée est, pour celle du milieu, de 10 mètres, pour les deux autres de 4 mètres seulement. Les pieds droits et les culées sont en maçonnerie de moellons.

L'aqueduc du Tji Tapen n'a que 6 mètres de longueur au-dessus de la rivière. Il est supporté par des voûtelettes en béton qui s'appuient sur des fers à T ; il se prolonge de part et d'autre sur un massif de maçonnerie évidé, formé de deux murs parallèles à l'axe du canal et entre lesquels on a jeté une voûte en béton. L'aqueduc du Tji Randjang est construit d'une manière analogue.

Les aqueducs de grande dimension sont d'ordinaire construits en fer : tels celui du Pendil sur lequel passe le canal principal du Pekalen et celui du Pemali. Ce dernier a 92 mètres de longueur. Il est porté par deux culées en maçonnerie qui font partie intégrante de l'aqueduc, et par deux piles également en maçonnerie. Le tablier en fer est formé de deux poutres maîtresses reliées par des entretoises ; il supporte deux cuves en tôle par l'intermédiaire de poutres en bois et les dilatations du tablier et de l'aqueduc proprement dit peuvent s'effectuer indépendamment ; à la partie supérieure, immédiatement au-dessus des cuves, un pont pour voitures a été établi.

Dans la région de Demak, il existe aussi plusieurs aqueducs de ce genre. Celui du Brandjangan où passe le canal S 48 est en tôle et porté par une charpente en bois et il en est de même de celui du Djadjar au point où celui-ci est traversé par le canal de liaison $t_1 s_1$. Le canal des Pirogues lui-même est, nous l'avons vu, en aqueduc au point où le canal de drainage C 72 y aboutit, et l'aqueduc est tout entier construit en bois.

Lorsque le niveau du canal, par rapport à celui du cours d'eau qu'il coupe, ne permet pas de construire un aqueduc, le croisement se fait au moyen d'un siphon. D'une façon générale le siphon est fait par dessous le canal ; les cours d'eau, en effet,

AQUEDUC DU TJI TAPEN ET PONT K. 63
Canal principal
Echelle 1/300

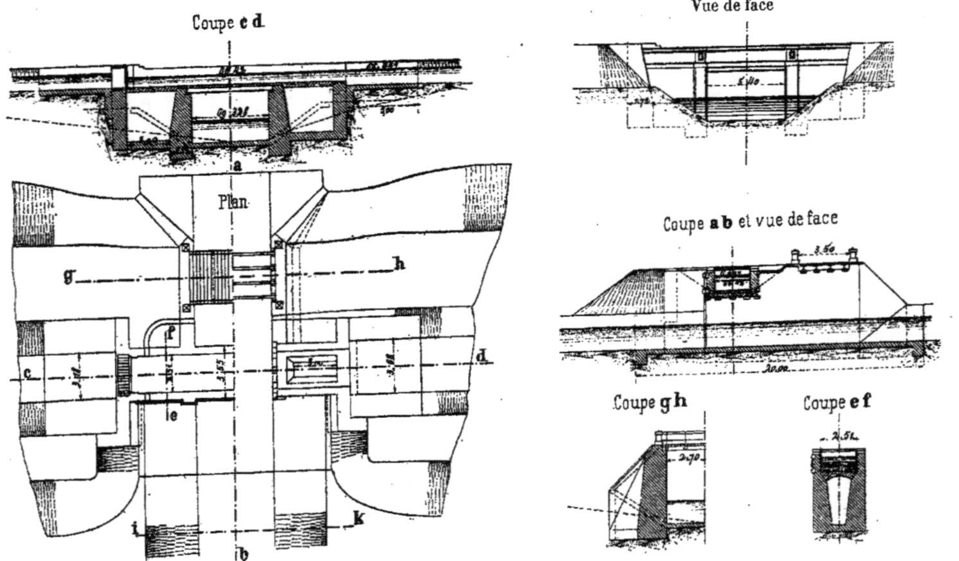

sont d'allure capricieuse ; lorsque leur débit est faible, c'est-à-dire en temps normal, il est donc facile de visiter l'ouvrage et de le réparer au besoin sans interrompre la distribution de l'eau d'irrigation. Toutefois, quand le volume du cours d'eau peut, en temps de crue, être considérable, il y a avantage à faire passer le cours d'eau par dessus, de manière à donner à l'ouvrage de moindres dimensions.

Lorsque le siphon a de grandes dimensions, il est construit tout entier en maçonnerie de moellons ou de briques ; du côté amont on ménage d'ordinaire un bassin où se déversent à la fois les eaux du torrent et aussi celles qui proviennent, en temps de pluie, des terrains avoisinants et que l'on recueille dans des fossés parallèles au canal. Parfois, au lieu d'une conduite unique, on en construit plusieurs accolées. Dans la région d'Indramajoe, le Tji Keroe, affluent du Tjimanoek passe sous le canal de Sindropraja, au moyen de sept conduites accolées ayant chacune 3 m. 64 de largeur et 3 m. 40 de hauteur. Souvent le siphon proprement dit est formé de buses en béton, en fonte ou en tôle placées parallèle-

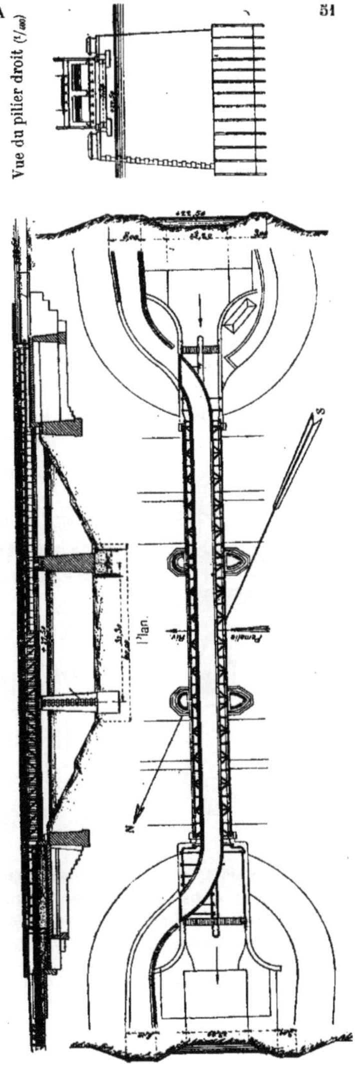

Vue du pilier droit ($^1/_{100}$)

CANAL PRINCIPAL DU PEMALI
Aqueduc sur le Pemali
(le chemin traverse le Pemali en passant sur l'aqueduc)
Echelle $^1/_{800}$

ment. On en trouve plusieurs exemples dans les travaux du Pemali. Dans la région de Demak le canal S 2 passe par dessous le Djadjar au moyen de quatre buses en tôle ; la traversée des routes et des voies ferrées se fait d'ordinaire de cette façon.

TRAVAUX DE TJI HÉA. — Siphon du Tji Doekoeh K. 38 (Canal principal).

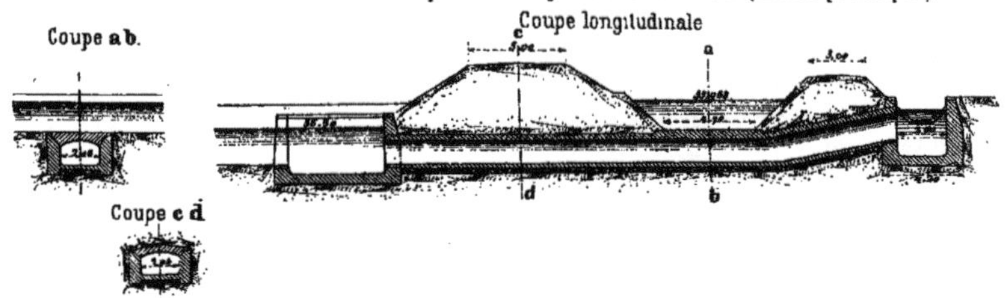

Siphon du Tji Barengkok k 56 et bouche de distribution p' 3181 bahoe pour les canaux secondaires L 5 et L 6.

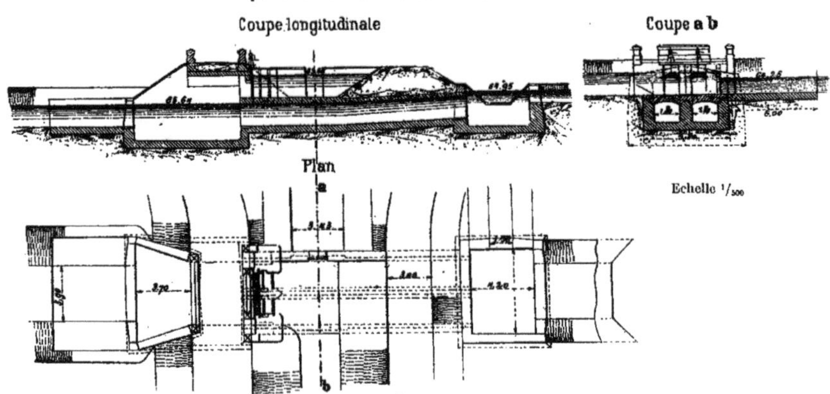

Quelquefois, enfin, la traversée se fait plus simplement encore. Le canal aboutit directement dans la rivière qu'il croise et dont le niveau est maintenu au moyen d'un barrage à la hauteur convenable. On en a un exemple dans la région du Buitenzorg, au point où le canal du Tji Ballok rencontre le Sésepan.

Déversoirs.—Nous avons vu que les eaux pluviales qui s'abattent sur les terrains

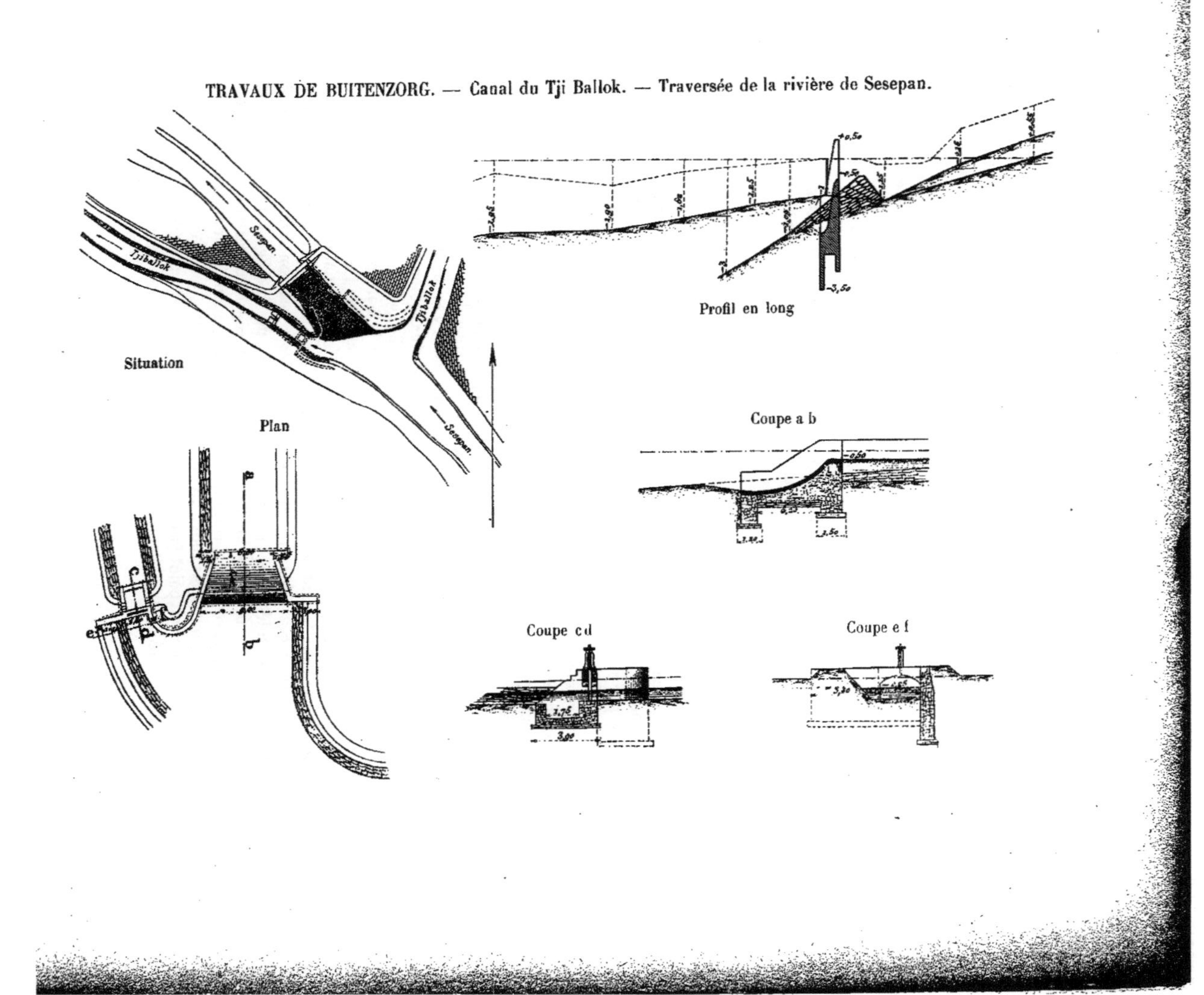

TRAVAUX DE BUITENZORG. — Canal du Tji Ballok. — Traversée de la rivière de Sesepan.
Situation
Plan
Profil en long
Coupe a b
Coupe c d
Coupe e f
Sesepan
Tjiballok

situés au-dessus du canal étaient recueillies d'ordinaire par des fossés de crête et évacuées par les siphons. Lorsque, au contraire, le canal peut être alimenté directement par les pluies ou par des ruisseaux secondaires, on ménage de place en place des déversoirs de surface pour écouler le trop-plein. Ces déversoirs sont revêtus en maçonnerie ; ils sont parfois divisés en gradins successifs ; on se contente souvent, par économie, de revêtements en gazon ou en pierres sèches, maintenus par des piquets.

Il importe également de pouvoir vider et nettoyer les canaux : on construit à cet effet des écluses de vidange. Ces ouvrages sont placés immédiatement au-dessus des siphons et en amont de petits barrages à poutrelles ; ceux-ci divisent le canal en sections qui peuvent être isolées et vidées à tour de rôle. Le seuil des ouvertures de vidange est au niveau du fond du canal ; ces ouvertures déversent les eaux dans le bassin amont qui est ménagé à la tête de chaque siphon ; elles sont fermées par une ou deux rangées de poutrelles.

On s'efforce, par économie, de combiner plusieurs ouvrages ; il n'y a à construire ainsi qu'un massif de fondations unique. C'est ainsi qu'à l'extrémité du deuxième tunnel, le canal principal de Tji Hea passe en aqueduc par-dessus le Tjidjambeh et présente aussitôt après une chûte de 4 m. 60.

L'ouvrage de Songgom, sur le canal principal du Pemali, offre, à ce point de vue, un exemple assez remarquable. C'est à Songgom que le canal se bifurque ; il est fermé par un barrage à poutrelles dont la partie mobile comprend trois ouvertures de 1 m. 60 de largeur. A droite se détache le canal de Brehes dont la prise d'eau présente trois ouvertures de 1 m. 70 commandées par des vannes ; à gauche une écluse de vidange peut évacuer les eaux du canal dans le Pemali ; il y a, en outre, sur la rive droite, la prise d'eau d'un canal secondaire, et sur chaque rive, les prises d'eau de deux canaux tertiaires. L'ouvrage est construit en maçonnerie de moellons, les voûtes sont en béton, le ciment de Portland n'est employé que pour les enduits.

Il y a ainsi sur chaque canal un nombre considérable d'ouvrages d'art. Sur le canal principal de Tji Hea, long de 17 kilomètres, il y en a 78, en y comprenant les ponts. Aussi le canal principal est-il la partie la plus coûteuse des systèmes d'irrigation. Dans le système du Solo, le barrage et la prise d'eau ne coûteront que 3.515.000 francs, soit 1/23 de la dépense totale ; le barrage et la prise d'eau du Pemali coûtent 400.000 francs, soit la onzième partie de l'ensemble. Ce sont cependant ces ouvrages qui inspirent d'ordinaire le plus d'inquiétude. On ne les entreprend pas sans hésitations. On redoute d'apporter des perturbations dangereuses dans le régime du fleuve, dans la hauteur des crues ; on craint d'engager des dépenses considérables pour la construction de barrages qui peuvent être emportés au moment des hautes eaux. Le cas est cependant extrêmement rare ; il ne s'est jamais produit à Java, et, s'il y a eu des dégradations importantes, elles ont eu lieu sur des ouvrages construits il y a fort longtemps, à une époque où l'art de la construction n'avait point fait les progrès si remarquables qui marquent les cinquante dernières années. On propose parfois, au lieu d'élever ainsi le plan d'eau dans une rivière d'une manière permanente, d'alimenter les canaux à l'aide de machines élévatoires. Il existe en Egypte des stations de pompes très importantes, celles d'Afteh

Ecluse de décharge et prise d'eau du Canal secondaire L 5 avec barrage
dans le Tjirandjan et deux ponts K. ɪ. v.

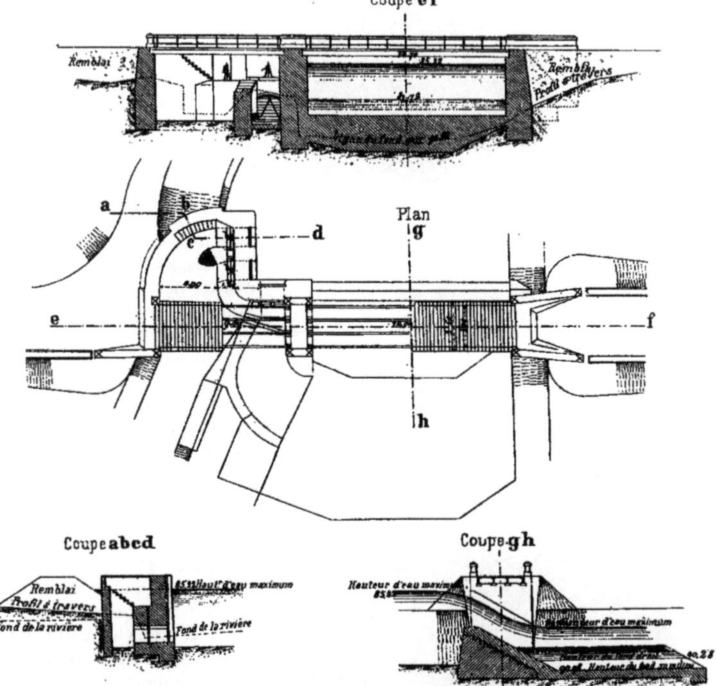

et de Katatbeh, et l'on peut être tenté dans nos colonies d'organiser et de multiplier les stations de ce genre. On réalise ainsi une économie notable dans les dépenses de premier établissement, puisqu'il est inutile de construire une prise d'eau et que le canal principal d'amenée peut être sinon supprimé, du moins subdivisé en une série d'autres plus petits. Parfois, cependant, il ne résulte pas, de ce dernier chef, un avantage bien considérable. Le canal principal du Solo doit débiter 135 mètres cubes et, pendant les 70 premiers kilomètres, son débit ne diminue que d'une manière insignifiante ; ce n'est qu'à partir du point où se détache le premier grand canal secondaire que la section peut être réduite notablement. Les dépenses d'amenée sont donc très grandes et l'on aurait réduit considérablement le cube des terrassements si l'on avait adopté des prises d'eau multiples. Mais, d'autre part, le nombre des ouvrages d'art aurait été beaucoup

Travaux de Demak. — Canal principal du Toentang. — Origine d'un canal secondaire.

plus grand, et les devis établis ont montré que les dépenses se balançaient sensiblement.

La solution par machines élévatoires est, du reste, extrêmement coûteuse dès qu'on passe à l'exploitation. La culture du riz exige, nous le verrons plus loin, 10.000 mètres cubes d'eau au minimum par hectare, le prix du mètre cube élevé à un mètre par des machines à vapeur est, en moyenne, de un millime ; la dépense pour un hectare est donc de 10 francs quand les terrains à irriguer sont à un mètre au-dessus du fleuve, de 20 francs quand cette hauteur atteint 2 mètres, de 40 francs pour une hauteur de 4 mètres. Or, à Java, le gouvernement se contente de retirer un intérêt de 6 0/0 des capitaux

Travaux de Demak. — Canal des Pirogues. — Prise d'eau de canaux secondaires.

engagés dans la construction des ouvrages. Pour les travaux de Demak, les plus coûteux de tous ceux que l'on a entrepris dans l'île, les annuités à payer par les cultivateurs seraient par hectare, si l'on appliquait cette règle, de 36 francs ; elles seraient de 30 francs pour la vallée du Solo, de 19 francs dans la vallée de Tji Hea, de 7 fr. 80 seulement dans celle du Pemali. Il faut ajouter, d'autre part, aux dépenses d'élévation de l'eau par les machines, les dépenses de construction, d'entretien et de surveillance des canaux et des ouvrages de distribution et d'amenée, et ces dépenses, nous venons de le dire, sont de beaucoup supérieures à celles qu'occasionne la prise d'eau elle-même. D'autre part, enfin, l'emploi des machines ne permet de résoudre qu'une partie du problème : l'irrigation proprement dite. Or, dans les systèmes que nous avons décrits, les travaux de protection, de drainage et de canalisation ont une importance au moins égale ; ils exigent des dépenses comparables, et parfois même supérieures ; ils donnent quelquefois *des revenus équivalents*. L'étude des travaux exécutés à Java aussi bien que dans les Indes anglaises ne peut que faire ressortir l'insuffisance de tout système, fondé sur l'emploi de machines élévatoires : une telle solution ne peut être considérée que comme un expédient provisoire. Dans l'état actuel de la science, bien des travaux jadis considérés comme impossibles, sont devenus relativement faciles ; la plupart des barrages de Java et de l'Hindoustan reposent sur des terrains d'alluvion ; on n'a employé nulle part les procédés de fondation à l'air comprimé. On a construit le plus souvent sur pilotis, ou sur des radiers de béton (1) reposant directement sur des sables limoneux. Dans bien des cas on a établi les ouvrages sur des massifs isolés construits sur rouets descendants, en terrain perméable, aussi bien qu'en terrain imperméable.

La plupart des barrages sont fixes ; les quelques barrages mobiles sont d'un type ancien et la manœuvre en est fort longue. On peut, au contraire, aujourd'hui, adopter des barrages mobiles plus perfectionnés, d'une manœuvre facile et même automatique. L'organisation de stations de surveillance échelonnées sur une grande distance et reliées par le téléphone ou le télégraphe au poste de garde du barrage, permettrait désormais d'assurer l'ouverture des parties mobiles au moment des crues.

Un enseignement fort net se dégage en un mot de l'étude des travaux d'irrigation aux Indes néerlandaises, c'est que dans tout pays tropical, où la culture fondamentale est celle du riz, le système des irrigations pérennes peut seul donner une solution complète et relativement économique du problème de l'aménagement des eaux.

(1) Mode de fondation employé également pour le barrage du Nil.

DISTRIBUTION DE L'EAU DANS LES RIZIÈRES — EXPLOITATION DES TRAVAUX D'IRRIGATION

L'eau est distribuée dans les rizières au moyen de rigoles tertiaires qui se détachent des canaux secondaires en amont de petits barrages. D'ordinaire, le service des travaux publics ne construit que les prises d'eau ; les rigoles sont simplement piquetées, elles sont exécutées ensuite par les villages intéressés. Chaque rigole est légèrement en remblai de façon que l'eau puisse s'écouler directement dans les rizières par des tubes en bambous noyés dans les talus. On évite que l'eau se déverse successivement d'une rizière dans une autre ; elle abandonnerait, en effet, dans la première toutes les matières tenues en suspension. Le trop plein s'écoule dans les canaux de drainage, soit directement, soit par de petits fossés.

L'irrigation, à partir du moment où le riz a été repiqué, doit être continue ; il faut éviter avec soin que l'eau reste stagnante ; un léger courant empêche la formation de mousses et de parasites qui gêneraient la croissance de la plante. C'est pour cela que les indigènes pratiquent les irrigations, même dans les districts où les pluies sont le plus abondantes. Il en est ainsi, par exemple, autour de Buitenzorg, bien que la chûte d'eau annuelle y atteigne 4 m. 33 et que les averses se produisent presque régulièrement chaque jour.

Le plus souvent, l'irrigation n'est possible que pendant une partie de l'année; la plupart des fleuves de Java ne roulent pendant la saison sèche, qu'un volume d'eau infime que l'on réserve pour les cultures riches et dont le développement est lent. C'est ainsi qu'en été le débit du Pemali est réduit à 5 ou 6 mètres cubes qui sont employés à l'arrosage des champs de canne à sucre ; l'excédent seul est déversé dans les rizières. Aussi, normalement, dans les terrains irrigués on ne fait qu'une seule récolte de riz ; dans les régions montagueuses, dans certaines vallées, comme celle du Brantas où les cours d'eau sont alimentés même en été, on peut faire au contraire deux récoltes.

Les eaux que roulent les cours d'eau pendant la saison des pluies sont fortement chargées de limon dont les propriétés fertilisantes varient notablement. Des études ont été faites sur un certain nombre de canaux ; l'eau du Kendong Kandang contient, par litre, 131 milligrammes de matières en suspension, l'eau du Kali Tjenes en contient 150, celle du Pategoean 176, celle du Sampean 269, celle du Mangetan Canal 408. Les analyses ont donné pour ces cinq cours d'eau les résultats moyens suivants :

	Acide phosphorique	Potasse	Azote
Kendong Kandang. . . .	17 0/0	4,2 0/0	3,1 0/0
Kali Tjenes	3	2,4	3,2
Pategoean.	13,8	3,4	3,4
Sampean	3,9	2,1	1,6
Mangetan Canal.	6,6	6.0	2,7

Les effets de l'irrigation varient avec la quantité d'eau *distribuée*.

D'une façon générale, à Java, on ne tient aucun compte des pluies ; les eaux pluviales ne contiennent en effet aucun principe fertilisant. Dans les pays où l'on ne pratique pas d'irrigation, les pluies, *quelle que soit leur abondance*, ne provoquent aucune amélioration notable dans le rendement des récoltes ou dans la valeur des produits, *dès que la chûte d'eau dépasse une valeur assez faible et que le taux d'humidité du sol est suffisant.* Les eaux d'irrigation agissent, au contraire, par les alluvions qu'elles entraînent. Toutefois, pendant la saison pluvieuse, l'état hygrométrique de l'air et les averses empêchent ou compensent l'évaporation.

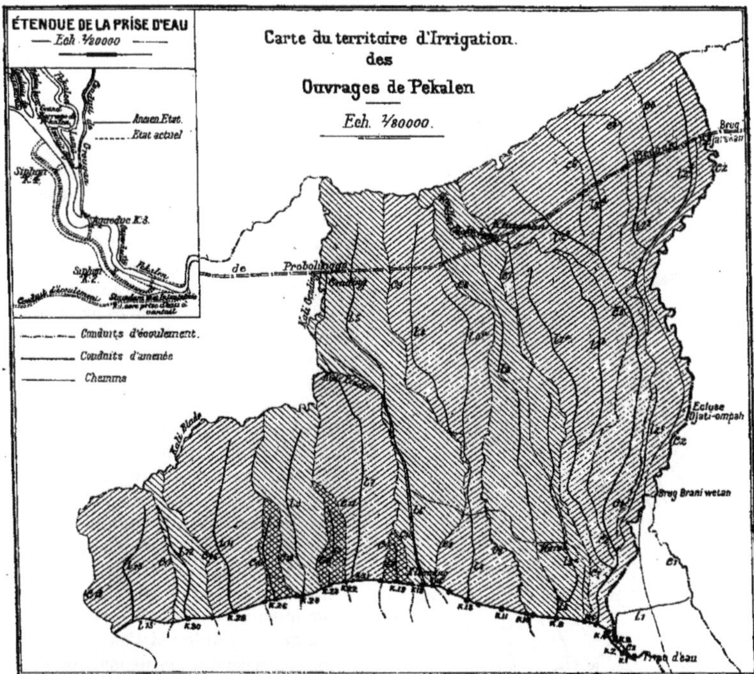

En général on admet un litre par seconde et par bouw (7.091 mètres carrés), soit 1 l. 43 par hectare. Mais dans le calcul des canaux on est souvent forcé de descendre au-dessous de ce chiffre. Le canal principal du Solo ne débitera que 135 mètres cubes pour 223.000 bouws, soit 0 l. 60 par bouw ; le canal du Pemali débite 36 m. c. 37 pour 43.968 bouws, soit 0 l. 80 par bouw. Ce ne sont là d'ailleurs que des chiffres moyens. Le riz n'exige pas, pendant toute la durée de la culture, une quan-

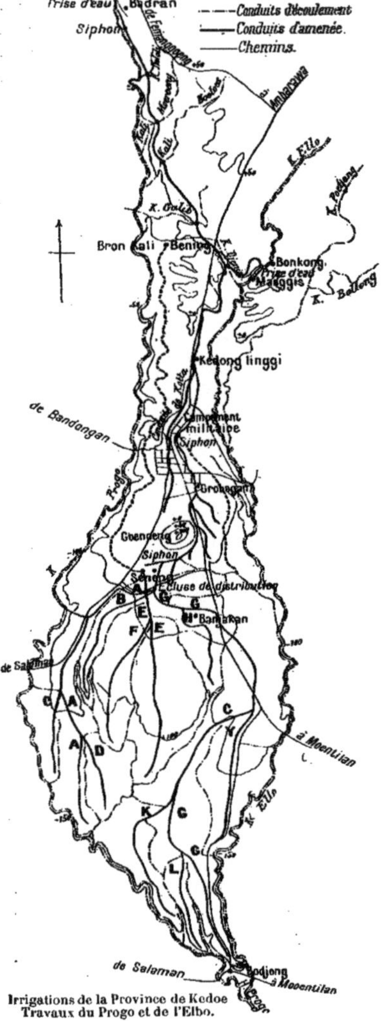

Irrigations de la Province de Kedoe
Travaux du Progo et de l'Elbo.

lité d'eau uniforme. Dans les districts où le débit des fleuves ne suffit point à donner *simultanément* à tous les champs une quantité d'eau convenable, on irrigue par secteurs, à partir d'une certaine date et de façon que l'état d'avancement de la récolte ne soit pas partout le même au même moment.

La quantité d'eau à distribuer dépend encore de la nature du sol et de l'état de l'atmosphère. On a fait à ce sujet des expériences nombreuses dans le bassin du Pekalen. Les pertes par absorption ont été, dans certains terrains, de 1 l. 14 par bouw et par seconde. Pendant la saison sèche, les pertes par évaporation ont été dans un jour de 6 millimètres, dont 4 millimètres de 8 heures du matin à 5 heures du soir; la quantité d'eau évaporée était ainsi de 42 mètres cubes par bouw, soit 0 l. 485 par seconde. En moyenne, de décembre 1885 à mai 1886, les pertes quotidiennes ont été de 3 mm. 78, soit par bouw et par seconde, de 01. 320. *Aussi les irrigations en terrain incomplètement imperméable et pendant la saison sèche sont-elles très onéreuses.* Dans certains champs d'expérience, la perte totale par absorption et par évaporation a été de 1 l. 460 par bouw et par seconde. De tels champs exigeraient donc au minimum un apport de 172 mètres cubes par jour, simplement pour maintenir constante la quantité d'eau qui baigne la plante : si l'on se servait, dans de telles conditions, de machines élévatoires, pour des champs élevés de 4 à 5 mètres au-dessus d'un cours d'eau, la dépense journalière atteindrait 80 centimes et la dépense totale égalerait la moitié de la valeur de la récolte. Ces conditions éminemment désavantageuses se trouvent réalisées au Tonkin, dans la partie haute du delta du fleuve Rouge, pendant l'hiver.

Dans les districts où la quantité d'eau disponible est très faible et variable, le service des travaux publics a dû diriger l'exploitation d'une façon minutieuse. Dans la région de Demak, on fixe pour chaque parcelle irriguée la date des travaux agricoles, et ceux-ci se poursuivent régulièrement, à mesure que la quantité d'eau disponible le permet. L'irrigation commence le 1er octobre et se continue jusqu'à la fin de mai. Pendant cette période, la surface irriguée varie chaque semaine. Les observations recueillies pendant onze ans ont permis d'établir une courbe *moyenne* des débits du Toentang et du Serang. C'est ainsi que l'on dispose, la première semaine d'octobre, de 1 m.c. 60 d'eau sur le Serang, de 1 m. 75 dans la deuxième semaine, de 2 m. 10 dans la troisième, de 2 m. 60 dans la quatrième. En admettant que le débit d'une rigole tertiaire doive être de 0 l. 80 par bouw, on ne peut irriguer avec le Serang, dans la quatrième semaine d'octobre, que 3152 bouws.

Il existe à Java plusieurs qualités de riz : le riz hâtif ou riz gendjah se repique au bout de 45 jours et la récolte se fait 90 jours après ; le riz tardif ou riz dalam se repique au bout de 60 jours et se récolte 120 jours après ; le riz moyen ou riz ten-gahan se repique au bout de 50 jours et se récolte 100 jours plus tard. Dans la région de Demak tout le système est adapté à la culture du riz hâtif. Dans la région où l'on a de l'eau en abondance on cultive le riz tardif dont le rendement est plus élevé.

On sait comment on cultive le riz. Le champ est d'abord recouvert d'une couche d'eau d'environ trente centimètres, puis dès que le sol est suffisamment détrempé, il est labouré et hersé.

Travaux du Pemali. — Prise d'eau de Notok.

Les grains sont semés à part, tantôt un à un, tantôt par épis complets. Dans le premier cas un hectare de semis suffit à repiquer 12 hectares de rizières.

Le repiquage a lieu assez longtemps après le labourage. Il n'y a d'ordinaire dans les villages qu'un petit nombre de buffles ; le labourage exige donc un temps assez long et il en est de même du repiquage pour lequel il faut une main d'œuvre nombreuse. Depuis le repiquage jusqu'à la récolte, la plante a besoin de quantités d'eau décroissantes. Dans les dix ou quinze derniers jours, l'irrigation doit cesser, et le sol de la rizière peut s'assécher complètement.

Pour obtenir une distribution méthodique des eaux, on divise le territoire irrigué par un canal tertiaire en six parties sensiblement égales et situées de part et d'autre du canal. Ces secteurs s'appellent des golongans. On commence par donner de l'eau aux secteurs 1 et 2, puis *quatorze* jours après aux secteurs 3 et 4; au bout de *quatorze* jours encore au secteur 5, et enfin au secteur 6. Pendant les trois premières périodes et la moitié de la quatrième, on se préoccupe uniquement de noyer les rizières. Pour éviter les pertes par évaporation et par absorption, il faut inonder très rapidement et en un seul jour le terrain qui peut être labouré dès le lendemain. C'est ce qui détermine la longueur des périodes : à Demak, l'étendue des golongans est telle que l'on ne peut, en moyenne, en labourer

Travaux du Pemali. — Prise d'eau de Notok.

chaque jour que la *quatorzième* partie. On déverse sur chaque parcelle, pendant une journée, 25 litres par seconde et par bouw, soit au total 2.160 mètres cubes, puis pendant cinq à sept semaines on ne distribue que peu ou point d'eau et seulement si l'on dispose d'un excédent. Comme ces opérations se font pendant la mousson pluvieuse, l'évaporation est faible et les pluies suffisent d'ordinaire à maintenir dans les rizières une nappe d'eau convenable jusqu'au repiquage. L'irrigation recommence quelques jours après le repiquage. On distribue d'abord :

Pendant 7 jours, 0l80 par seconde et par bouw, soit.	483	mètres cubes

Puis successivement :

Pendant 21 jours, 1l1	1.995	»
Pendant 14 jours, 0l9	1.090	»
Pendant 14 jours, 0l7	846	»
Pendant 14 jours, 0l45	544	»
Pendant 14 jours, 0l20	242	»
Soit, au total	5.200	mètres cubes

En ajoutant les 2.160 mètres cubes employés à noyer la rizière, on voit que la culture d'un bouw exige 7.360 mètres cubes d'eau, soit un peu plus de un mètre cube par mètre carré.

La quantité d'eau que doit débiter le canal tertiaire est calculée chaque semaine pour chaque golongan. Rigoureusement cette quantité devrait varier chaque jour. Le repiquage d'un golongan exige en moyenne 6 jours ; cinq jours après le repiquage on doit commencer à distribuer l'eau dans chaque champ à raison de 1 l. 1 par seconde et par bouw, mais ce débit ne devrait être atteint *pour toute l'étendue du golongan* que progressivement et au bout de 6 jours, c'est-à-dire quand le golongan est tout entier repiqué depuis au moins cinq jours. Dans la pratique, le débit des canaux reste constant pendant toute une semaine, et parmi les chiffres calculés pour chaque jour séparément on choisit le chiffre maximum (1). On dispose ainsi d'un léger excédent que l'on utilise suivant les circonstances. Le tableau suivant indique la marche des opérations et le débit journalier pour chaque golongan, dans le domaine irrigué par la conduite tertiaire S 25. Ce domaine a une superficie de 245 bouws, et chacun des 6 golongans a, en moyenne, 61 bouws, soit 42 hectares 7.

Canal tertiaire S 25. — Superficie irriguée : 245 bouws

	GOL. 1	GOL. 2	GOL. 3	GOL. 4	GOL. 5	GOL. 6	DÉBIT total du CANAL
Du 20 novembre au 4 déc. 1896.	73 l	73 l	0 l	0 l	0 l	0 l	146 l
Du 4 décembre au 18 déc. 1896..	0	0	73	73	0	0	146
Du 18 décembre au 1er janv. 1897	0	0	0	0	73	0	73
Du 1er janvier au 8 janv. 1897...	0	0	0	0	0	73	73
Du 8 janvier au 15 janv. 1897...	30 repiq.	30 repiq.	0	0	0	0	133
Du 15 janvier au 22 janv. 1897..	45	45	0	0	0	0	90
Du 22 janvier au 29 janv. 1897.	45	45	30 repiq.	30 repiq.	0	0	150
Du 29 janvier au 5 février 1897..	45	45	45	45	0	0	180
Du 5 février au 12 février 1897..	36	36	45	45	0	0	162
Du 12 février au 19 février 1897.	36	36	45	45	30 repiq.	0	192
Du 19 février au 26 février 1897.	27	27	36	36	45	30 repiq.	171
Du 26 février au 5 mars 1897...	27	27	36	36	45	45	201
Du 5 mars au 12 mars 1897.....	18	18	27	27	45	45	180
Du 12 mars au 19 mars 1897 ...	18	18	27	27	36	45	171
Du 19 mars au 26 mars 1897 ...	9	9	18	18	36	36	135
Du 26 mars au 2 avril 1897.....	9	9	18	18	27	36	117
Du 2 avril au 9 avril 1897......	0	0	9	9	27	27	84
Du 9 avril au 16 avril 1897.....	Réc.	Réc.	0	0	18	27	45
Du 16 avril au 23 avril 1897			Réc.	Réc.	18	18	45
Du 23 avril au 30 avril 1897					9	18	27
Du 30 avril au 7 mai 1897					9	9	27
Du 7 mai au 14 mai 1897.......					0	9	9
Du 14 mai au 21 mai 1897......					Réc.	0	9
Du 21 mai au 28 mai 1897.....						0	0
A partir du 28.							récolte

(Les périodes à débit nul portent en regard, pour chaque golongan, l'annotation « inondation et labourage ».)

(1) Si A est la superficie du golongan, si le repiquage commence le 1er janvier et est achevé en 6 jours, on doit distribuer le 6 janvier $\dfrac{A \times 1,1}{6}$, le 7 $\dfrac{A \times 1,1 \times 2}{6}$, le 8 $\dfrac{A \times 1,1 \times 3}{6}$, le 12 enfin, $\dfrac{A \times 1,1 \times 6}{6}$.

L'exploitation complète de la parcelle irriguée par le canal S 25 a donc été achevée au bout de 6 mois, soit 180 jours environ. Le débit maximum du canal dans toute cette période a été de 201 litres, soit 0 l. 83 par bouw et par seconde, mais le débit moyen a été seulement de 0 l. 40. Le système que nous venons d'exposer permet ainsi de mettre en culture une surface double de celle qu'il serait possible d'irriguer avec une même quantité d'eau, si les différentes opérations agricoles se faisaient *simultanément* dans tout le territoire. L'irrigation de chaque golongan exige seulement, à partir du repiquage, 12 semaines, alors que la période totale est de 23 semaines ; c'est pendant la douzième semaine, c'est-à-dire au milieu de la période, que la quantité d'eau exigée est la plus considérable. Mais, à ce moment, le débit des fleuves est précisément le plus élevé. Nous avons vu, en effet, que l'exploitation commençait le 1er octobre. Or, le débit du Serang, établi d'après les observations de onze ans, est, en moyenne :

Travaux du Pemali. — Canal principal.

	Mètres cubes
En Janvier, de	23,6
Février	32,19
Mars	24,87
Avril	16,76
Mai	9.29
Juin	4,87
Juillet	3,95
Août	2,28
Septembre	1,64
Octobre	2,68
Novembre	7,22
Décembre	17,29

Travaux du Pemali. — Ouvrage du Songgom.

Un tel système exige, de la part des ingénieurs qui le dirigent, une connaissance parfaite du pays et des habitants. Il n'a pas été tout d'abord accepté volontiers par les indigènes. On s'est heurté à des difficultés suscitées par les propriétaires influents. Ceux-ci avaient coutume de mettre les premiers leurs champs en culture ; c'était pour eux un privilège important, car le prix du riz est plus élevé au commencement de la récolte qu'à la fin. Actuellement, au contraire, on procède par rotation, de manière à faire bénéficier à tour de rôle chaque propriétaire de cet avantage. Cependant, les Javanais se sont habitués assez vite à se laisser guider entièrement par le service des travaux publics ; en dehors de la régularité des récoltes, ils retirent encore d'autres bénéfices de la méthode rationnelle qui leur est imposée. Certaines opérations telles que le repiquage ou la récolte exigent une main d'œuvre considérable. Autrefois, lorsque dans toute la région ces opérations avaient lieu simultanément, il fallait recruter des travailleurs dans les districts voisins, et la dépense atteignait le quart et même le tiers de la valeur du produit. Aujourd'hui, cette dépense est réduite au dixième, car les habitants de chaque village peuvent s'entr'aider mutuellement.

Travaux du Pemali. — Ecluse de vidange à Songgom.

L'exploitation et la surveillance des travaux d'irrigation ne sont pas organisées partout avec le même soin qu'à Demak. Cette minutie n'est indispensable que lorsque la quantité d'eau disponible est faible par rapport à la surface à irriguer. La même méthode sera appliquée dans toute la vallée du Solo.

Travaux du Pemali. — Canal de décharge à Songgom.

Organisation du service

Le service est assuré dans toute l'île par un corps spécial d'ingénieurs : ce sont les ingénieurs du *Waterstaat* qui ont également dans leurs attributions les ponts et chaussées. La surveillance générale est exercée par la section technique du département des Travaux Publics. Celle-ci fait exécuter dans les provinces toutes les études qui se rapportent à l'aménagement complet des eaux et à la mise en valeur des terrains cultivés en riz ou propres à cette culture. Elle fait dresser, en se servant des documents topographiques existants, et en les complétant, des cartes spéciales indiquant les bassins des cours d'eau susceptibles d'être utilisés ou déjà aménagés, l'étendue des terres irriguées ou irrigables, les canaux existants. On joint à ces cartes des monographies détaillées de chaque région, où sont enregistrés tous les renseignements concernant le débit des fleuves, la hauteur des crues, le régime des pluies, la nature et l'état des cultures, la situation particulière au point de vue des irrigations.

Ces données ont permis d'établir un projet d'organisation générale ; d'après ce projet, Java serait divisée en quatorze circonscriptions d'irrigation. Avant de passer à la pratique d'une manière définitive, on a décidé de faire des essais et l'on a créé seulement trois circonscriptions : celle du Brantas, celle du Serajoe et celle de Demak.

Chaque circonscription est dirigée par un ingénieur en chef et divisée en deux ou plusieurs sections. A la tête de chaque section est placé un ingénieur de deuxième ou de troisième classe, ou un aspirant ingénieur ; les sections sont elles-mêmes divisées en arrondissement que surveille un conducteur. A chaque ingénieur on adjoint un certain nombre de conducteurs européens et d'employés indigènes. Ces derniers portent le titre de Mantrie oeloe-oeloe (1).

Le chef de la circonscription a, sous sa surveillance immédiate :

1° Les canaux construits par le Waterstaat et munis de tous les ouvrages nécessaires à la distribution méthodique de l'eau ;

2° Les grands systèmes d'irrigation indigènes améliorés par des travaux permanents ;

3° Les travaux exclusivement indigènes ;

4° Les digues, les coupures et canaux de décharge, en un mot tous les ouvrages qui servent à l'évacuation des eaux de crues, à la protection des campagnes ainsi qu'à la navigation intérieure.

Seules, les petites réparations sont exécutées par le personnel de la circonscription ; les travaux plus importants sont préparés et dirigés par le personnel du service général.

Le chef de la circonscription est chargé de tout ce qui concerne la distribution de l'eau et l'entretien des ouvrages. Il doit, en outre, renseigner la section technique

(1) Oe se prononce ou.

et lui fournir les éléments nécessaires à l'exécution des avant-projets ; il indique
les améliorations possibles, tient un relevé exact des dépenses qu'entraîne la construction de chaque ouvrage ou les réparations effectuées en cours d'exploitation. Il tient également une statistique des terrains irrigués par chaque canal, du revenu annuel de ces terres, des conditions dans lesquelles se fait l'irrigation : il indique la nature des cultures, signale les mauvaises récoltes et leurs causes. Il doit s'efforcer de réunir tous les documents qui peuvent permettre de connaître avec certitude l'effet utile des irrigations. Il administre le budget qui est alloué à sa circonscription.

Travaux du Pemali. — Siphon sur le canal de Brebès.

Voici, par exemple, comment est organisée la circonscription du Brantas.

Cette circonscription s'étend sur tout le bassin du Brantas et de ses affluents, c'est-à-dire sur les résidences de Pasoeroean et de Kediri et sur une partie de celles de Soerabaja, Probolinggo et Rembang. Elle est divisée en trois sections, celles de Malang, Modjokerto et Kediri. Le chef de la circonscription réside à Malang. La section de Malang comprend les arrondissements de Malang, Lawang et Kasri ; celle de Modjokerto, les arrondissements de Modjokerto, Sidoardjo, Djombang et Lengkong ; celle de Kediri, les arrondissements de Kediri et Toeloengagoeng.

Travaux de Demak. — Écluse de vidange du canal de décharge
(Canal principal du Serang).

Les dépenses annuelles étaient en 1899 de 221.402 florins dont :

105.273 pour le personnel permanent et temporaire,

116.129 pour l'entretien des ouvrages et des digues.

On dispose, en outre, de 1.049.000 journées de corvées.

Les dépenses occasionnées par le personnel permanent s'élevaient à 87.000 florins qui se décomposaient comme suit :

I. — Personnel Européen

Solde

1 ingénieur de première classe	9.000 florins par an	
2 — deuxième classe à 6.000 florins . . .	12.000	—
1 — troisième classe	4.200	—
3 conducteurs de première classe à 3.000 florins . . .	9.000	—
7 — deuxième classe à 2.400 — . . .	16.800	—
1 — troisième classe à 1.800 — . . .	1.800	—
	52.800 florins par an	

Indemnités (déplacements et transports)

Pour le chef de circonscription	1.800 florins par an	
Pour 3 ingénieurs chefs de section	3.600	—
Pour 11 conducteurs chefs d'arrondissement	7.920	—
	13.320 florins par an	

II. — Personnel Indigène

5 mantries oeloe-oeloe de première classe à 900 florins.	4.500 florins par an	
16 mantries de deuxième classe à 720 florins	11.520	—
9 mantries de troisième classe à 540 florins	4.860	—
	20.880 florins par an	

Le bureau du chef de circonscription emploie 3 secrétaires européens (personnel temporaire), 2 écrivains et 3 dessinateurs indigènes, 2 élèves mantries et 1 élève dessinateur. Le bureau d'un chef de section (Modjokerto) emploie 1 secrétaire européen, 1 secrétaire, 1 dessinateur et 3 géomètres indigènes, 1 élève mantrie et 1 élève dessinateur indigène.

La surveillance directe de la distribution de l'eau est exercée par les mantries. A Demak un mantrie est chargé de ce soin pour 7 canaux tertiaires, qu'il visite, à tour de rôle, chaque jour. Chaque canal est divisé par des barrages légers en bambou, en trois ou six sections correspondant aux golongans ; il est aisé de modifier l'ouverture de ces petits ouvrages pour régler le débit en aval. La mesure de ce débit est prise, directement, dans chaque section, et le mantrie fait des vérifications fréquentes pour s'assurer que chaque golongan reçoit effectivement les quantités d'eau allouées. Le mantrie est également chargé de la destruction des rongeurs et des animaux nuisibles aux cultures. Ce n'est point là un détail de peu d'importance : en une année, en 1899, on a détruit ainsi, dans la circonscription de Demak, 478.000 rats.

Les dépenses annuelles d'entretien et d'exploitation varient assez sensiblement suivant les régions. Dans la circonscription de Demak, ces dépenses s'élèvent à 1 fl. 95 par hectare. En voici le détail :

a. *Frais Généraux* :

Service téléphonique	2.340 florins
Levers et nivellement.	7.188 —
Personnel indigène	4.860 —
Personnel européen	8.448 —
	22.836 florins

soit, pour 54,171 bouws, 0 fl. 405 par bouw.

b. *Entretien* . . . . 25.044 florins

soit 0 fl. 465 par bouw.

c. *Surveillance et garde des ouvrages* . . . . 22.096 florins

soit 0 fl. 408 par bouw.

Au total, 1 fl. 278 par bouw, ou 1 fl. 95 par hectare. Il faut y ajouter environ trois jours de corvée, ou si l'on emploie des ouvriers libres 0 fl. 75.

Dans la vallée du Kali Kening, les dépenses sont de 1 fl. 65; dans le district du Pekalen 1 fl. 65, plus trois journées de corvées.

Depuis 1885 jusqu'en 1899, les dépenses d'entretien se sont élevées à 3.896.560 florins (1), les dépenses de travaux neufs à 12.111.200 florins et, en y ajoutant les travaux du Solo, à 27.595935 florins (2).

Travaux de Demak. — Canal secondaire.

Le personnel technique employé aux travaux d'irrigation à Java comprenait en 1899 :

5 ingénieurs en chef,
10 ingénieurs de première classe,

(1) 8.182.776 francs.
(2) 57.951.463 francs.

> 22 ingénieurs de deuxième classe,
> 11 ingénieurs de troisième classe,
> 11 aspirants ingénieurs,
> 10 conducteurs de première classe,
> 16 conducteurs de deuxième classe,
> 26 conducteurs de troisième classe.

Les soldes sont fixées comme suit :

	PAR AN	
	Florins	Francs
Pour un ingénieur en chef de première classe	18.000	37.800
— deuxième classe	14.400	30.040
Pour un ingénieur de première classe	9.000 à 12.000 (1)	18.900 à 25.200
— deuxième classe	6.000	12.600
— troisième classe	4.200	8.820
Pour un aspirant ingénieur	3.000	6.300
Pour un conducteur de première classe	3.000	6.300
— deuxième classe	2.400	5.040
— troisième classe	1.800	3.780

Il faut ajouter à ces soldes des indemnités de déplacement et des frais de bureau, suppléments fixes qui, pour un ingénieur, peuvent s'élever à 150 florins par mois, et pour un conducteur à 60 florins.

En ce qui concerne les travaux neufs, les premiers projets sont d'abord faits sur les cartes existantes, d'après les indications des chefs de circonscription ou des résidents. Dans la plupart des cas, on est obligé toutefois de compléter les documents topographiques existants par des levers à grande échelle. Les dépenses de cet ordre se sont élevées :

Pour la plaine de Tji Hea, à.	56.890 florins	pour	5.900 hectares
Pour les travaux de Waroedjageng et Kertosono à	38.701 »	pour	20.000 »
Pour les travaux de Kedoeng Kandang à.	10.303 »	pour	4.000 »
Pour les travaux de Molek à.	11.769 »	pour	4.000 »
Pour les travaux du Pekalen à.	33.593 »	pour	6.900 »
Pour les travaux du Sampean à	40.013 »	pour	10.500 »

Lorsque les levers sont achevés et que l'on connaît le régime des rivières utilisables, une commission spéciale, nommée par le gouvernement, est chargée d'examiner le projet. Cette commission comprend un inspecteur en chef des cultures, un ingénieur du Waterstaat, l'assistant résident de la région intéressée.

Si le rapport de la commission est favorable, les études sont continuées ; l'avant projet visé par le directeur des travaux publics est envoyé au ministre des colonies. Si celui-ci accepte, le projet est inscrit au budget des Indes et soumis à l'approbation

____

(1) La solde augmente au bout de 5 ans puis de 10 ans de grade.

du Parlement. Ce n'est qu'après la décision du Parlement que commencent les études définitives. Lorsque le revenu des travaux est égal à 6 0/0 des dépenses, dont 2 0/0 pour l'entretien, 4 0/0 pour l'intérêt et l'amortissement, la métropole contracte un emprunt. Dans le calcul du revenu, on fait entrer l'augmentation prévue pour l'impôt foncier et la plus-value des impôts directs ; cette plus-value est estimée par comparaison avec des provinces voisines et placées dans des conditions analogues. Ainsi, les travaux du Pemali coûteront 2.100.000 florins. L'augmentation de l'impôt foncier sera de 128.500 florins, celle des patentes de 8.500. Les dépenses d'exploitation seront de 44.000 florins. Il restera un bénéfice de 93.000 florins, soit 4,4 0/0 du capital de construction.

Travaux de Tji Héa. — Aqueduc du Tji Soukarama.

Le projet Tjomal-Tjatjaban coûtera 1.715.000 florins. L'augmentation de l'impôt foncier sera de 88.700 florins, celle des patentes de 16.800. Les dépenses d'exploitation seront de 31.000 florins, le bénéfice net de 74.500 florins, soit 4,3 0/0.

Si le revenu net calculé n'atteint pas 4 0/0, mais si les travaux paraissent indispensables, ils sont exécutés sur le budget ordinaire, à mesure que les ressources le permettent.

La construction des travaux importants est confiée à des brigades spéciales qui dépendent uniquement de la direction générale. La brigade du Solo, dirigée par un ingénieur en chef, ne comprend pas

Travaux de Tji Héa. — Ecluse de vidange et Siphon.

moins de 17 ingénieurs, 111 conducteurs, mécaniciens, secrétaires, dessinateurs européens, 167 indigènes.

En dehors des crédits alloués pour l'exécution des travaux, la brigade dispose d'un certain nombre de jours de corvée. Il n'y a pas à ce sujet de règle générale. Le gouvernement décide dans chaque cas, après avoir consulté les résidents. Toutefois, sauf en ce qui concerne les réparations, les ouvrages d'art sont construits par des travailleurs libres, les terrassements sont faits en totalité ou en partie, par corvées.

RÉSULTATS DES IRRIGATIONS

Il est difficile dans chaque cas de se rendre un compte exact et rigoureux des bénéfices que donne l'irrigation ; les éléments de comparaison font souvent défaut. Il serait nécessaire de connaître dans chaque région irriguée, le rendement moyen des terres avant les travaux. Or, dans bien des cas, les ouvrages réguliers, ont été, nous l'avons vu, substitués à des ouvrages anciens établis par les indigènes. Pendant longtemps du reste, on ne s'est point préoccupé de statistique. On en a aujourd'hui compris l'utilité. Dans chaque résidence les contrôleurs sont chargés de mesurer le rendement des terres. Autour de chaque village le contrôleur, assisté du védono, désigne un certain nombre de parcelles dont on mesure avec soin la superficie et dont on pèse le produit au moment de la récolte. Ceci ne s'applique pas seulement aux rizières, mais à toutes les cultures. Les parcelles sont numérotées et reportées sur les cartes cadastrales. On tient un registre dans chaque arrondissement et les renseignements qui y sont consignés permettent de calculer le taux de l'impôt foncier.

Si l'on ne peut établir de comparaison entre la situation primitive et la situation actuelle d'une région irriguée, on peut toutefois examiner dans l'ensemble ce que donnent les rizières irriguées et les rizières non irriguées.

En moyenne, de 1885 à 1896 les premières ont eu un rendement de 2.565 kilogrammes de paddy à l'hectare, les secondes ont produit seulement 1.650 kilogrammes.

Voici d'ailleurs les résultats obtenus de 1891 à 1896.

On indique :

Sous la rubrique A le rendement en piculs de paddy par bouw de 7.091 mètres carrés ;

Sous la rubrique B la proportion des rizières où la récolte a manqué ;

Sous la rubrique C la proportion des rizières labourées et où le repiquage n'a pu se faire, faute d'eau.

Tableau I. — Rizières irriguées (1)

ANNÉES	RÉSIDENCE DE SOERABAJA			AUTRES RÉSIDENCES		
	A	B	C	A	B	C
1891	32,8	3.2 0/0	0,1	29,1	9,3	1,1
1892	40,8	0,1	0,6	30,3	2,5	2,0
1893	40,5	0,6	0,1	28,8	5,8	0,9
1894	39,1	—	—	28,8	1,1	0,7
1895	37,1	—	—	29,7	1,5	0,3
1896	38,7	0,5	—	28,7	3,4	0,6
Moyenne 1891 à 1896	38,2	0,7	0,1	29,2	3,9	0,9
Moyenne 1885-1896	—	—	—	29,5	3,5	0,9

Tableau II. — Rizières non irriguées

ANNÉES	RÉSIDENCE DE REMBANG			RÉSIDENCE DE SOERABAJA			AUTRES RÉSIDENCES		
	A	B	C	A	B	C	A	B	C
1891	14,6	21,8	2,3	16,6	27,3	12,8	18,7	20,0	7,8
1892	16,2	1,2	2,3	16,5	10,3	4,5	18,8	8,4	5,7
1893	14,8	8,5	0,3	16,3	11,7	3,8	18,5	9,9	3,3
1894	18,0	0,5	0,3	15,5	2,7	3,1	18,7	3,4	3,2
1895	17,0	2,7	1,6	18,3	4,3	1,9	20,1	5,0	2,6
1896	17,5	5,3	0,1	16,3	32,3	4,0	18,8	12,8	2,8
Moyenne 1891-96	16,3	6,7 0/0	1,2 0/0	16,6	14,8	5,0	18,9	10	4,2
Moyenne	—	—	—	—	—	—	19,0	10,1	4,2

Tableau III. — Rizières marécageuses (2)

ANNÉES	RÉSIDENCE DE REMBANG			RÉSIDENCE DE SOERABAJA			AUTRES RÉSIDENCES		
	A	B	C	A	B	C	A	B	C
1891	17,6	4,5	12,5	28,7	28,3	2,5	30,1	19,2	8,6
1892	16,9	—	45,5	33,7	7,0	6,4	28,9	10,8	10,6
1893	23,3	—	23,6	40,0	36,8	6,4	30,4	21,5	11,6
1894	29,5	—	9,9	33,5	8,4	6,1	27,0	6,5	7,6
1895	22,0	—	—	32,3	6,6	4,3	28,2	10,0	7,4
1896	20,2	15,1	—	33,8	21,4	5,4	28,0	17,5	8,2
Moyenne	21,6	3,3 0/0	15,2 0/0	33,7	18,1 0/0	5,2 0/0	28.7	14,2 0/0	9,0 0·0
Moyenne 1885-96	—	—	—	—	—	—	27,3	13,7	8,3

(1) Non compris les provinces de Soerakarta et de Djoejakarta, gouvernées par des princes indigènes.
(2) Situées dans des bas-fonds non drainés.

Tableau IV. — Proportion des rizières où la récolte n'a pas réussi

(POUR TOUTES LES PROVINCES DE JAVA)

ANNÉES	RIZIÈRES IRRIGUÉES		RIZIÈRES NON IRRIGUÉES		RIZIÈRES MARÉCAGEUSES	
	1re Récolte	2e Récolte	1re Récolte	2e Récolte	1re Récolte	2e Récolte
1885	1,2	12,3	8,0	76,0	12,7	
1886	1,9	1,4	8,0	35,0	10,0	
1887	0,9	1,6	3,7	0,4	8,5	
1888	1,9	9,2	7,6	5,0	12,4	
1889	3,2	1,9	11,4	6,3	11,2	
1890	9,9	1,9	23,1	1,5	24,0	
1891	9,3	8,2	20,0	25,2	19,2	
1892	2,5	4,7	8,4	4,5	10,8	
1893	5,8	2,5	9,9	3,2	21,5	
1994	1,0	1,5	3,4	6,3	6,5	
1895	1,5	0,9	5,0	0,7	10,0	
1896	3,4	13,3	12,8	41,7	17,5	
Moyenne 1885-96	3,5 p. cent	4,9 p. cent	10,1	17,1	13,7	

Tableau V. — Proportion des rizières labourées et qui n'ont pu être plantées

(POUR TOUTES LES PROVINCES)

ANNÉES	RIZIÈRES IRRIGUÉES	RIZIÈRES NON IRRIGUÉES	RIZIÈRES MARÉCAGEUSES	SUPERFICIE totale PLANTÉE
1885	1,2	2,6 p. cent	6,9 p. cent	2,6
1886	0,6	2,4	5,4	2,0
1887	0,8	3,0	8,5	2,0
1888	0,6	2,2	6,8	2,5
1889	0,7	5,0	8,5	3,0
1890	1,2	9,3	9,0	4,6
1891	1,1	7,8	8,6	4,0
1892	2,0	5,7	11,6	3,9
1893	0,9	3,3	10,6	2,7
1894	0,7	3,2	7,6	2,7
1895	0,3	2,6	7,4	1,6
1896	0,6	2,8	8,2	2,3
Moyenne 1885-96	0,9	4,2	8,3	2,8

Tableau VI. — Rendement de rizières non irriguées dans la vallée du Solo

(EN PICULS DE PADDY PAR BOUW)

NUMÉROS DES PARCELLES où le rendement a été mesuré	En 1897	En 1898	En 1899	Moyenne
65	8,68	19,04	0,96	
69	33,80	27.52	4,98	
70	9,36	28,68	28,44	
71	13,48	17,68	10,86	
78	17,28	24,16	21,72	
79	18,48	14.84	13,68	
81	32.44	21,36	15,72	
82	27,68	24,48	22,96	
83	41,64	19,28	31,64	
84	29,16	22,28	25,24	
85	31,08	19,48	14,27	
118	14,76	12,20	11,92	
Moyenne	22,93	20,08	16,86	19,95

Tableau VII. — Rendement de rizières irriguées dans la vallée du Solo

(EN PICULS DE PADDY PAR BOUW)

NUMÉROS DES PARCELLES où le rendement a été mesuré	En 1897	En 1898	En 1899	Moyenne
93	35,20	17,44	28,12	
97	25,72	24,76	25,60	
98	23,96	30,96	22,84	
99	33,16	27,36	10,72	
103	30,28	24,32	13,48	
104	37,28	25,36	29,84	
105	41,04	23,24	40.52	
111	30,48	31,28	13,20	
112	31,08	24,64	27,84	
113	35,58	33,80	44,92	
114	36,16	42,68	43,52	
120	35,00	23,44	24,96	
Moyenne	32,99	27,44	27,13	29,19

Le seul examen de ces chiffres fait ressortir des avantages notables pour les rizières irriguées.

Dans une période de douze ans, le rendement moyen des rizières irriguées a été de 29 piculs, 5 ; celui des rizières non irriguées, de 19 piculs, 0 ; celui des rizières marécageuses de 25 piculs, 3.

La différence entre les rizières marécageuses et les rizières irriguées ne paraît pas considérable sur ce point; mais il faut observer que dans les premières, on ne peut jamais faire deux récoltes, alors que ceci est fréquent pour les secondes. D'autre part, la récolte dans les rizières marécageuses manque fréquemment. En moyenne, dans cette même période de douze ans, pour 100 hectares plantés en terrain marécageux, 13,7 n'ont rien donné, alors que pour les terrains irrigués, la proportion n'est que de 3,5. De même les rizières irriguées labourées ont pu être repiquées presque en totalité, alors que sur cent hectares de rizières marécageuses, 8,3 n'ont pu être plantés. Ceci se conçoit aisément; il n'est possible de commencer la mise en culture, dans les terrains bas qu'à la fin de la saison pluvieuse; il suffit de pluies tardives pour noyer le terrain au point de rendre le repiquage impossible, et, par contre, une sécheresse hâtive arrête le développement de la plante.

Il ne suffit point, du reste, d'examiner des moyennes. Pendant les années exceptionnelles, l'irrigation seule a permis d'éviter des désastres. En 1885, les sept huitièmes des terres irriguées ont donné une seconde récolte alors que celle-ci échouait complètement sur les trois quarts des rizières non irriguées.

Ainsi l'irrigation permet d'obtenir des rendements plus élevés, et dans des conditions de sécurité presque complètes. Pour que la famine éclate dans des districts où les eaux ont été aménagées, il faut de véritables catastrophes, un cyclone ou la rupture des digues, par exemple. Les effets de l'irrigation varient, d'ailleurs, nous l'avons dit, avec la quantité d'eau distribuée et la qualité des alluvions entraînées. Dans le delta du Brantas, où l'on déverse pendant la saison pluvieuse, 3 à 5 litres d'eau par seconde par hectare, le rendement moyen est de 3.600 kilogrammes et il atteint fréquemment 5.500. Près des embouchures du Solo, dans le district de Sidajoe, on dépasse 6.000 kilogrammes et il en est de même dans la région de Buitenzorg.

La qualité du riz varie également avec les terrains et les conditions de la culture; le paddy récolté dans les terres non irriguées est vendu rarement au-delà de 1 florin 50 le picul, alors que celui qui provient de terres irriguées vaut couramment 2 florins 50. Le riz de Java, dont la valeur en Europe atteint jusqu'à 51 florins les cent kilos, provient uniquement de terrains irrigués.

Il est encore un avantage d'une extrême importance et sur lequel on ne saurait trop insister. L'irrigation seule permet de cultiver dans les terrains de rizières des plantes épuisantes telles que la canne à sucre et le tabac. Ces cultures se font par assolement avec celle du riz. D'ordinaire on fait dans le même champ une récolte de canne à sucre ou de tabac, puis quatre ou cinq récoltes de riz. En 1897-98, la superficie plantée en canne à sucre a été de 79.538 hectares et le rendement par hectare a été en moyenne de 165 piculs de sucre, ayant une valeur de 1155 florins, soit 2.423 francs.

Un hectare de rizière planté en tabac rapporte dans le district de Sampean et

Pokalen 14 à 1500 livres de tabac, dont la valeur varie suivant la qualité de 1000 à 5000 francs, et la durée de la culture ne dépasse pas trois mois.

On conçoit que de tels bénéfices puissent être réalisés avec d'autant plus de certitude que les alluvions entraînées par l'eau au moment de l'irrigation sont plus abondantes et plus riches. Dans le delta du Brantas, les eaux déposent chaque année plus de 16 tonnes d'alluvions par hectare.

Il faut observer toutefois que dans un pays tel que Java, les travaux d'irrigation n'ont pu toujours donner à l'Etat des revenus directs proportionnés aux dépenses engagées : dans bien des cas, nous l'avons vu, les ouvrages modernes et permanents ont été substitués à des ouvrages indigènes ; leur construction a été entreprise non point pour améliorer les conditions dans lesquelles se faisait la culture, mais pour maintenir une situation acquise. Il n'était donc pas toujours possible d'augmenter les taxes foncières dans la même proportion que s'il s'était agi de terrains gagnés à la culture ou nouvellement irrigués. En un mot, on a dans un grand nombre de districts,

Travaux de Buitenzorg. — Construction d'un barrage sur le Tji Ballok.

simplement amélioré l'outillage servant à l'irrigation : *on ne l'a pas créé*. Dans des pays neufs, au contraire, les bénéfices immédiats seraient beaucoup plus sensibles pour l'Etat. Ces bénéfices cependant ne peuvent être réalisés complètement qu'au bout d'un certain temps. Il faut que les indigènes s'habituent aux irrigations, qu'ils consentent à plier leurs procédés à des méthodes précises d'exploitation ; il faut surtout qu'ils ne soient pas tentés de considérer l'irrigation comme un prétexte à des charges nouvelles. C'est pourquoi les Hollandais ont écarté d'une manière absolue tout système d'exploitation fondé sur la vente de l'eau. Partout, l'eau est distribuée gratuitement ; l'Etat n'intervient que lorsque l'irrigation a produit déjà des effets, et que l'indigène a pu se rendre compte de ses avantages. Cette intervention se produit d'ailleurs simplement par l'augmentation de l'impôt foncier. Il en est de même dans les Indes anglaises. Ce n'est pas que l'on n'ait point essayé d'autres méthodes ; il s'est formé, à plusieurs reprises, dans les Indes anglaises, des compagnies pour la construction et l'exploitation de systèmes d'irrigation. Elles ont toujours abouti à un insuccès absolu. L'exemple le plus caractéristique est celui de la Compagnie Orientale

Indienne qui entreprit les travaux d'Orissa ; les indigènes se refusèrent à acheter l'eau que l'on offrait de leur distribuer, et le discrédit fut tel qu'après le rachat des travaux par l'Etat, en 1882, il ne fut pas possible, pendant plus de dix ans, de procéder à une exploitation régulière.

Cette exploitation se traduisait encore en 1892 par des déficits importants. Le prix unitaire des travaux avait été, il est vrai, fort élevé, environ 325 francs par hectare ; cependant des travaux beaucoup plus coûteux, entrepris et exploités par le gouvernement, ont donné des résultats positifs. Le revenu du Mutha Canal était en 1891 de 2,19 pour cent, bien que les dépenses par hectare aient atteint 456 francs.

Travaux de Buitenzorg. — Construction d'un barrage sur le Tji Ballok.

Ceci se comprend aisément du reste. L'indigène ne peut se rendre compte exactement des bénéfices qu'il retire de l'irrigation. Il s'agit en effet d'évaluer la différence entre la récolte obtenue après irrigation et celle *qu'il aurait pu* avoir sans irrigation. L'Etat, qui modifie les taxes foncières, s'appuie sur des résultats *moyens* ; entre le cultivateur et l'industriel qui *pour chaque récolte* offre de l'eau à un prix déterminé, le marché ne peut avoir aucune précision ; le cultivateur ignore ce qu'il achète, il ignore également ce qu'il a le droit de recevoir.

Quelle quantité d'eau doit-on lui distribuer, et comment vérifiera-t-il qu'elle lui est effectivement distribuée ? Ajoutez encore que ce système nécessite une intervention constante de l'industriel dans les affaires des villages, des discussions toujours renouvelées. Comment l'indigène, si méfiant, consentirait-il à se lier par des traités de durée, ou à en contracter de nouveaux à chaque récolte ? Quelles garanties enfin aurait-il vis-à-vis de l'industriel européen, et n'est-il point tenté de croire que, dans tout conflit, la justice ne sera point égale entre les deux parties.

On a voulu essayer un tel système au Tonkin ; *il est voué à l'échec le plus complet*, cela est d'autant plus certain que l'on a admis des tarifs démesurément exagérés. Les Compagnies concessionnaires demandent en effet *le tiers* ou *le quart* de la récolte, alors que dans les Indes anglaises, la part totale prélevée par le gouvernement, tant pour l'impôt *que pour l'irrigation*, représente en moyenne *huit pour cent* du produit brut.

En réalité, les travaux d'irrigation sont liés trop intimement à la situation matérielle de l'indigène, ils ont sur la prospérité du pays une trop grande influence, les bénéfices directs ou indirects qu'ils donnent sont trop variés pour que l'Etat puisse en confier l'exécution et surtout l'exploitation à des particuliers. Le paiement de l'impôt donne au contribuable le droit de profiter de tous les travaux d'utilité publique sans subir les exigences de compagnies particulières.

Il appartient au gouvernement seul de prévoir et de diriger les travaux d'irrigation, en tenant compte non seulement de la situation présente, mais du développement de la population. Il ne faut pas seulement faire vivre les indigènes d'aujourd'hui, il faut encore préparer des terrains de culture aux générations plus nombreuses de demain.

Il faut enfin ne point réduire le problème à l'irrigation de quelques districts, il faut assurer le drainage des bas fonds, créer des voies navigables, se défendre contre les crues, il faut, enfin, envisager la question dans son ensemble, aménager complètement les eaux, se protéger contre elles, en utiliser toutes les vertus.

ANNEXE

Chute d'eau moyenne en différents points de Java, exprimée en millimètres

	Janvier.	Février.	Mars.	Avril.	Mai.	Juin.	Juillet.	Août.	Sept.	Octobre.	Nov.	Déc.	Total.
Batavia	337	295	226	135	96	89	74	28	77	112	129	205	1803
Buitenzorg	456	397	438	429	357	274	270	218	362	409	379	365	4354
Soekaboemi	378	313	411	434	259	168	102	109	101	250	367	427	3319
Tjiandjoer	268	231	290	250	164	108	117	107	174	242	307	263	2521
Bandong	200	162	253	222	119	86	57	34	68	150	242	201	1794
Cheribon	397	371	383	211	143	110	63	20	30	56	147	386	2317
Tegal	309	299	241	126	81	101	60	33	37	50	108	291	1736
Banjoemas	327	271	334	270	198	137	113	75	80	306	458	451	3020
Semarang	360	350	228	208	128	80	77	52	89	139	184	275	2170
Magelang	426	385	461	263	190	136	72	48	55	173	346	398	2953
Djokjakarta	362	281	315	200	137	102	46	31	29	110	252	326	2191
Soerakarta	346	314	300	218	119	99	56	39	44	107	232	255	2129
Rembang	263	207	183	101	85	100	34	17	23	51	128	199	1391
Bodjonegoro	269	293	298	178	110	75	35	19	49	80	181	252	1839
Madioen	300	259	258	217	135	82	39	25	23	68	206	241	1853
Kediri	310	291	255	173	133	76	32	14	14	66	143	236	1743
Blitar	328	257	246	200	144	119	44	25	24	102	179	294	1962
Malang	326	296	253	162	120	74	49	26	28	124	219	313	1990
Modjokerto	360	364	298	149	106	79	25	14	12	50	157	256	1870
Soerabaja	262	256	240	134	87	51	29	8	7	56	139	223	1492
Sidoardjo	355	362	344	249	133	72	34	3	0	47	108	265	1972
Pasoeroean	224	275	190	150	90	54	25	5	4	18	63	176	1274
Soember Moedjœr	367	394	298	250	204	250	247	217	263	363	240	365	3458
Pekalen	304	302	250	147	128	44	52	22	23	57	153	230	1712
Besoeki	308	318	176	91	56	44	27	5	1	8	53	188	1275
Djember	369	401	363	226	170	111	88	54	66	159	318	362	2687
Banjoewangi	205	189	148	102	114	101	75	65	62	70	75	200	1406

TABLE DES MATIÈRES

LAVAL. — IMPRIMERIE PARISIENNE, L. BARNÉOUD & Cⁱᵉ

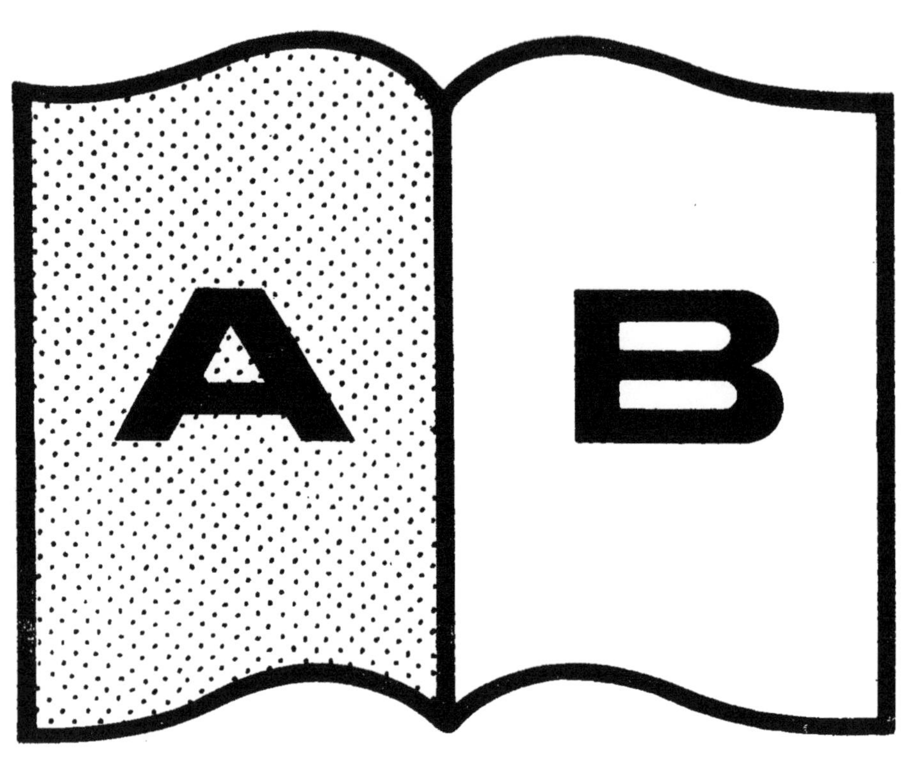

Contraste insuffisant

NF Z 43-120-14

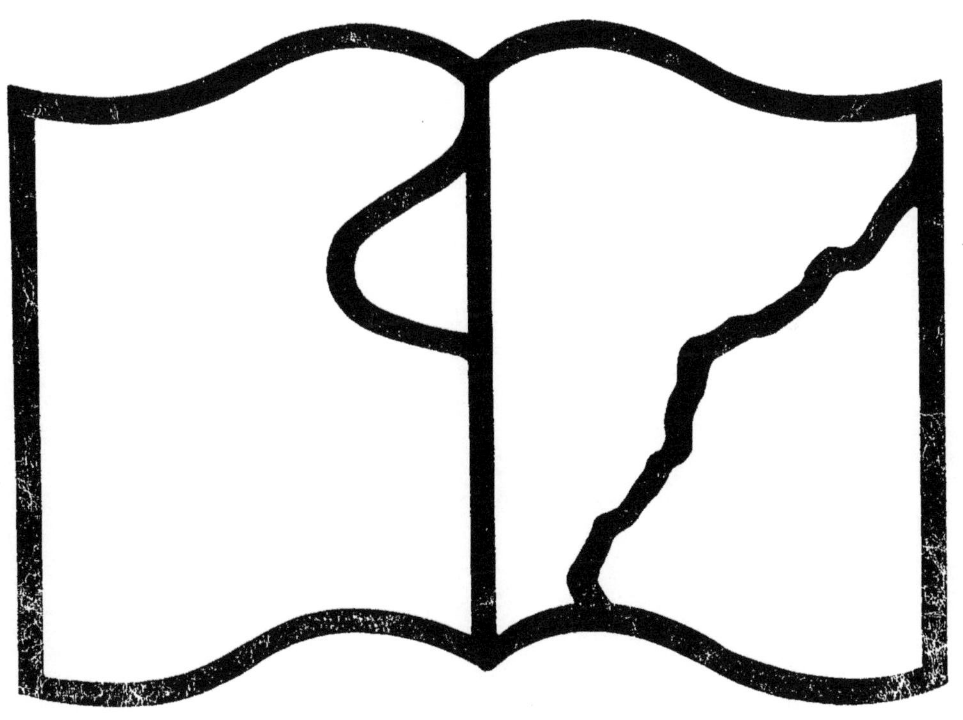

Texte détérioré — reliure défectueuse

NF Z 43-120-11